ISBN 978-0-428-48927-4
PIBN 11303515

This book is a reproduction of an important historical work. Forgotten Books uses
state-of-the-art technology to digitally reconstruct the work, preserving the original format
whilst repairing imperfections present in the aged copy. In rare cases, an imperfection in
the original, such as a blemish or missing page, may be replicated in our edition. We do,
however, repair the vast majority of imperfections successfully; any imperfections that
remain are intentionally left to preserve the state of such historical works.

1 MONTH OF
FREE
READING

at
www.ForgottenBooks.com

By purchasing this book you are eligible for one month membership to ForgottenBooks.com, giving you unlimited access to our entire collection of over 1,000,000 titles via our web site and mobile apps.

To claim your free month visit:
www.forgottenbooks.com/free1303515

English
Français
Deutsche
Italiano
Español
Português

www.forgottenbooks.com

Mythology Photography **Fiction**
Fishing Christianity **Art** Cooking
Essays Buddhism Freemasonry
Medicine **Biology** Music **Ancient**
Egypt Evolution Carpentry Physics
Dance Geology **Mathematics** Fitness
Shakespeare **Folklore** Yoga Marketing
Confidence Immortality Biographies
Poetry **Psychology** Witchcraft
Electronics Chemistry History **Law**
Accounting **Philosophy** Anthropology
Alchemy Drama Quantum Mechanics
Atheism Sexual Health **Ancient History**
Entrepreneurship Languages Sport
Paleontology Needlework Islam
Metaphysics Investment Archaeology
Parenting Statistics Criminology
Motivational

BOLETIN

DE LA

Sociedad Aragonesa

DE

Ciencias Naturales

Fundada el 2 de Enero de 1902

LEMA: Scientia, Patria, Fides

TOMO XV
1916

ZARAGOZA

Librería Editorial de Cecilio Gasca

COSO, NÚM. 33

D. JUAN CADEVALL

Presidente de la Sociedad Aragonesa de Ciencias Naturales
para 1916.

BOLETÍN
DE LA
SOCIEDAD ARAGONESA DE CIENCIAS NATURALES

SECCIÓN OFICIAL
—
CATÁLOGO DE LOS SEÑORES SOCIOS
DE LA
Sociedad Aragonesa de Ciencias Naturales

Junta Directiva para 1916

Presidente. . . D. Juan Cadevall.
Vicepresidente. . D. Ricardo J. Górriz.
Secretario. . . D. José Pueyo.
Vicesecretario. . D. José María Azara.
Bibliotecario . . D. Pedro Ferrando.
Consejeros. . . D. Francisco Aranda.
»   D. Juan Moneva y Puyol.
»   R. P. Longinos Navás, S. J.
Tesorero. . . . D. Juan María Vargas.
Conservador . . D. Fernando Aranda.

SOCIOS HONORARIOS

Almera (M. I. Sr. D Jaime), Canónigo Deán. Sagristáns, 1, 3.°, Barcelona.—*Paleontología.*

Hue (Rdo. D. Augusto María), Presbítero, Rue de Cormeille, 104, Levallois-Perret (Seine, Francia), —*Líquenes.*

Mallada (Excmo. Sr. D. Lucas). Atocha, 118, Madrid.—*Geología.*

Wildeman (D. Emilio de). Jardin Botanique, Bruxelles.—*Fanerógamas.*

Breuil (Rdo. D. Enrique, Pbro.), Institut de Paleóntologie humaine, 110, Rue Demours, París.—*Prehistoria.*

364098

SOCIOS PROTECTORES

REAL ACADEMIA DE MEDICINA DE ZARAGOZA

REAL SOCIEDAD ECONÓMICA ARAGONESA DE AMIGOS DEL PAÍS. Zaragoza.

SOCIOS NUMERARIOS [1]

1909. AGUILAR BLANCH (D. Romualdo), Médico. Pasaje de Monistrol, 4, Valencia.—*Aves*.

1909. AGUILERA (Excmo. Sr. D. Enrique), M. 1° de Mayo de 1912, Marqués de Cerralbo, de las Reales Academias de la Lengua y de la Historia. Calle de Ferraz, Madrid.—*Arqueología y Prehistoria*.

1905. ANDRÉU Y RUBIO (Rdo. D. José), Pbro., Catedrático de Historia Natural en el Seminario de Orihuela (Alicante).—*Entomología*.

1906. APOLINAR MARÍA (H.) de las Escuelas Cristianas, Apartado 371, Bogotá (Colombia).

1905. ARAMBURU Y ALTUNA (D. Pedro), Doctor en Medicina, Catedrático de Historia Natural y Director de la Escuela de Veterinaria. Coso, 5, entlo. 1.ª, Zaragoza.

1911. ARANDA (D. Fernando), Plaza de la Seo, 1, Zaragoza.

1905. ARANDA (D. Francisco), Doctor en Ciencias Naturales, Catedrático de Zoología en la Universidad. San Miguel, 42, Zaragoza.

1903. ARDID DE ACHA (D. Manuel), Paseo de Pamplona, 3, entlo., drcha., Zaragoza.—*Entomología, especialmente Hemípteros*.

1911. ARENY DE PLANDOLIT (Dr. D. Pablo), Médico,

---

(1) El nombre de cada socio va precedido del año de su ingreso en la Sociedad, y de las letras s. F. el de los socios fundadores. Para facilitar las relaciones de los socios se indica la especialidad de los estudios a que se dedican. La letra M. puesta a continuación del nombre de un socio, indica que ha obtenido la medalla de la Sociedad.

Naturalista preparador. Hospital, 115, Barcelona.—*Disecación de animales: modelos de anatomía.*

1906. ARÉVALO (D. Celso), M. 29 de Enero de 1907. Doctor en Ciencias Naturales, Catedrático de Historia Natural en el Instituto de Valencia.

1903. ATENEO de Zaragoza.

S. F. AZARA (D. José María), Dormer, 8, pral., Zaragoza.

S. F. AZPEITIA (D. Florentino), Profesor en la Escuela de Ingenieros de Minas. Santa Bárbara, 2, dup.°, 2.° Madrid.—*Malacología y Diatomología.*

1903. AZORÍN Y FORNET (D. José), Farmacéutico. España, 2, Yecla (Murcia).

1908. BALASCH (R. P. Jaime), S. J., Profesor de Historia Natural en el Colegio de San José, Valencia.

1907. BARBERÁ MARTÍ (D. Faustino), Doctor en Medicina. Colón, 64, pral., Valencia.

1904. BARNOLA (R. P. Joaquín de), S. J. Colegio de San Ignacio, Sarriá, (Barcelona).—*Botánica, especialmente Helechos.*

1907. BARREIRO (R. P. Agustin Jesús), O. A. Convento de Agustinos Filipinos, Valladolid.

S. F. BASELGA (D. Mariano). Alfonso, 23, pral., Zaragoza.

1913. BECHÉ (D. Jorge Raúl), Salmerón, 13, 1.°, 2.ª, Barcelona.

1915. BELLIDO (D. Jesús M.ª), Catedrático de Fisiología en la Universidad. Avenida Central, 7, entresuelo, Zaragoza.

1911. BELLO (D. Severino), Ingeniero Director del Pantano de la Peña. Huesca.

1911. BENAVENT (D. Alfonso), Ingeniero, Oficinas del Canal de Aragón y Cataluña. Monzón (Huesca).

1903. BLASCO (D. Gregorio Licer), Farmacéutico. La Almolda (Zaragoza).

1912. BOFILL (D. José Maria), Doctor en Medicina.

de la Real Academia de Ciencias y Artes. Aragón, 281, pral., Barcelona. —*Himenópteros*.

1914. Bolós (D. Antonio), Farmacéutico. Olot (Gerona).—*Botánica*.

1910. Bona (D. Federico R), Cervantes. Mountain Prov. (Islas Filipinas).

1910. Borja y Goyeneche (D. Joaquín de), de la Real Academia de Ciencias de Barcelona, Presidente de la Comisión Occeanográfica. Rambla de Cataluña. 8, 3 ° 2.ª, Barcelona —*Oceanografía*

S. F. Boscá y Seytre (D. Antimo). Catedrático de Historia Natural en el Instituto de Teruel.

S. F. Bosque y Bosque (D. Marcelino), Farmacéutico, Torrevelilla (Teruel).

S. F. Cabrera (D. Anatael), Médico, Laguna de Tenerife (Canarias).—*Himenópteros, Véspidos, Euménidos y Masáridos del globo*.

1903 Cadevall (Dr. D. Juan), de la Real Academia de Ciencias y Artes de Barcelona. Tarrasa. (Barcelona).—*Botánica*

S. F. Calvo (D. Pablo), Farmacéutico. Calle de Pignatelli, 30 y 32, Zaragoza.

1905. Canáls y Porta (D. Antonio María), Bilbao, 197, Barcelona.—*Mineralogía*.

1906. Carballo (R D. Jesús M.), Pbro. Solana, 6, 8, 10, Cáceres.—*Espeleología*.

1913. Casaña (D. Ramón), Doctor en Farmacia, Coso, 133, Zaragoza.

1909. Codina (D. Asensio), Sors, 35, Gracia, Barcelona.—*Cicindélidos del mundo, Fauna entomológica catalana*.

1908. Colegio del Sagrado Corázón (R. P. Prefecto del). Lauria, 13, Barcelona.

S. F. Colegio del Salvador, Zaragoza.

1907. Delgado (D. Jorge), M. 29 de Enero de 1908. Cristina, 12, 3.°, Barcelona.—*Mineralogía*.

S. F. Díaz de Arcaya (D. Manuel), M. 13 de Enero de 1914

Catedrático de Historia Natural y Director del Instituto general y técnico de Zaragoza. Independencia, 7, 2.°

1915. Díaz (D. Rafael). Calahorra (Logroño).

1910. Díez Tortosa (D. Juan Luís), Catedrático de Botánica descriptiva en la Facultad de Farmacia. Reyes Católicos, 47, Granada.—*Botánica*.

S. F. Dusmet (D. José María), Plaza de Santa Cruz, 7, Madrid.—*Himenópteros*.

S. F. Ena (D. Mariano de), Coso, 15, Zaragoza.

1907. Elías (H.), de las Escuelas Cristianas. Bujedo (Burgos).—*Botánica*.

1907. Escudero (D. Fernando), Licenciado en Ciencias. Sagasta, 7, Zaragoza.

1009 Estevan (D. Carlos). Valdealgorfa (por Alcañiz).—*Arqueología y Prehistoria*.

1915. Facultad de Ciencias.—Zaragoza.

1904. Farrióls y Centena (D. José). Rambla de San José, 25, 1.°, Barcelona.

1904. Ferrando y Más (D. Pedro), M. 1.º de Febrero de 1905. Catedrático de Historia Natural en la Universidad. Paseo de Sagasta, 9, entlo., Zaragoza.

1905. Ferrer (D. Eugenio), Santo Domingo, 20, Tarrasa, (Barcelona).—*Entomología*.

1914. Font y Quer (D. Pío), Doctor en Farmacia. Sicilia, 26 bis, Barcelona.

S. F. Fuente (Rdo. D. José María de la), Presbítero, M. 29 de Enero de 1908. Pozuelo de Calatrava, (Ciudad Real).—*Coleópteros*.

S. F. Galán (D. Demetrio), Catedrático de la Escuela de Veterinaria. Fin, 5, Zaragoza.

1907. Gámir (D. Aurelio), Farmacéutico. Calle de San Fernando, 34, Valencia.

1912. García y Mercet (D. Ricardo), Secretario de la Real Sociedad Española de Historia Natural y de la Asociación Española para el Progreso de las Ciencias. Princesa, 11, Madrid.—*Himenópteros*.

1913. GARCÍA JULIÁN (D. José), Independencia, 26, pral., Zaragoza.

1909. GARCÍA MOLÍNS (D. Antonio), Doctor en Ciencias. Alfonso 1, 2, Zaragoza.

1914. GARCÍAS Y FONT (D. Lorenzo), Farmacéutico. Artá, (Mallorca)

S. F. GASCA (D. Valero) Coso, 33, Zaragoza.

1913. GIL (D. Carlos). Estudios, 12 y 14, 2.º izquierda, Zaragoza.

1906. GIL GIL (D. Gil), Catedrático en la Universidad, Zaragoza.

S. F. GIRONZA (D. Joaquín), Plaza de Aragón, 8, Zaragoza.

1906. GÓMEZ Y POU (D. Ramón), M. 3 de Enero de 1912. Sagasta, 8, 3.º, Zaragoza

1904. GÓMEZ Y REDÓ (D. José). Licenciado en Ciencias. San Jorge, 10, entlo. dcha., Zaragoza. *Arqueología.*

S. F. GONZÁLEZ HIDALGO (D. Joaquín), M. 4 de Enero de 1905, de la Real Academia de Ciencias, Catedrático de la Universidad Central. Fuentes, 9, 2.º, Madrid.—*Malacología.*

1909. GORRÍA (Ilmo Sr. D. Hermenegildo), M. 10 de Octubre de 1908, de la Real Academia de Ciencias y Artes. Mallorca, 243, Barcelona.

S. F. GÓRRIZ (D. Ricardo José) M. 13 de Enero de 1904. Farmacéutico. Coso, 11, Zaragoza. — *Coleópteros y Botánica.*

1909. GOUVEA BARRETO (Rdo. D. Jaime de), Presbítero. Seminario de Funchal (Isla de Madera).

S. F. GREGORIO Y ROCASOLANO (D. Antonio de), Catedrático de la Universidad de Zaragoza.

1903. GUALLART (D. Julián), Médico, Coso, 52, 3.º, Zaragoza.—*Oftalmología.*

1906. GUITART (Rdo. D. José), Pbro , Talamanca, 1, 2.º, 2.ª, Manresa.

1913. GUMUGIO (R. P. José), S. J., Profesor de Historia Natural. Colegio del Inmaculado Corazón de Maria. Plaza de Villasis, 6, Sevilla.

1907. GUTIÉRREZ MARTÍN (D. Daniel), Doctor en

Farmacia. Constitución, 17, Mercado chico, Avila.—*Botánica.*

1916. HAAS (Dr. F.). Sociedad Electro-Química, Flix, (Tarragona).—*Malacología.*

1910. HERNÁNDEZ (M. I Sr D. José), Pbro., Canónigo y Profesor en el Seminario de Murcia

1912. HERRÁN (D. Pedro de la). Alfaro (Logroño).

1905. HERVIER (Rdo. D. José), Pbro M. 29 de Enero de 1906. 31, Rue de la Bourse, Saint-Etienne (Loire, Francia).—*Botánica.*

1909. SR. INGENIERO JEFE de la 2.ª División hidrológico-forestal. Calle de Pascual y Gesús, número 22, Valencia.

S. F. IRANZO (Excmo. Señor D. Juan Enrique), M. 9 de Enero de 1907. Catedrático en la Universidad: Plaza de la Constitución, 3, Zaragoza.

1905. IRIGARAY (D. Fermin), Médico. Irurita (Navarra, Baztán).

1908. JIMÉNEZ DE CISNEROS (D. Daniel). Catedrático de Historia Natural en el Instituto de Alicante.—*Geología.*

1915. LABORATORIO DE HIDROBIOLOGÍA del Instituto general y técnico de Valencia.

1903. KHEIL (D. Napoleón Manuel). Ferdinadstrasse, 38, Praga.-*Ortópteros y Lepidópteros.*

1911. LACROIX (D. José), Place du Donjon. 2. Niort (Deux Sèvres, Francia). — *Entomología, especialmente Neurópteros.*

1913. LATORRE (D. Joaquín de). Plaza del Pueblo, 2, Zaragoza.

1908. LAUFFER (Excmo. Sr D. Jorge). Juan de Mena 5, Madrid.—*Coleópteros.*

1909. LETE (D. Manuel de). San Alonso, 36, Palma de Mallorca.

S. F. LOZANO Y MONZÓN (D. Ricardo) Catedrático en la Universidad. Lagasca, 2, Zaragoza.

1907. MACHO Y VARIEGO (D. Vidal). Puebla, 7 y 9, Madrid

1904. MARCET (R. P. Adeodato), O. S. B. M. 29 de Enero de 1906 Montserrat (Barcelona.—*Botánica.*

1910. Martín (R. P. Wenceslao), O. S. A. Catedrático de Historia Natural en el Colegio de PP. Agustinos de Palma de Mallorca.

1910. Mas Magro (D. Francisco), Licenciado en Medicina. Doctor Ramón y Cajal, 7, Crevillente (Alicante).

1912. Mas de Xaxárs (D. José María), Ingeniero. Princesa, 57, 2 °, 1.ª, Barcelona.-*Coleópteros, especialmente Cicindélidos y Carábidos*.

1910. Mayordomo (R. P. Valentin), S. J. Profesor de Historia Natural en el Colegio de Ntra Señora de la Antigua de Orduña (Vizcaya).

1905. Merino (R. P. Baltasar), S. J. Colegio del Apóstol Santiago. La Guardia (Pontevedra) *Botánica*.

1905. Miranda (Excmo. Sr. D. Gaspar ˙de), Conde de Cascajares. Calahorra (Logroño).

S. F. Moneva y Puyol (D. Juan), Catedrático en la Universidad. Zurita, 6, Zaragoza.

1907. Moroder (D. Emilio). Maestro Chapi, 6, 2.°, Valencia.—*Coleópteros*.

1907. Morote y Greus (D. Francisco), Catedrático de Agricultura en el Instituto. Ruzafa, 52, Valencia.

1905. Muñoz y Navarro (D. Ginés María), Calle del Progreso, Mazarrón (Murcia).

1912. Nasarre (D. Manuel). Por Sariñena (Huesca), Sena.—*Botánica*.

1908. Nascimiento (D. Luis Gonzaga de). Largo de Jesús, 8, Setúbal, (Portugal).

S. F. Navás (R. P. Longinos), S. J. M. 13 de Enero de 1904 Colegio del Salvador, Zaragoza.—*Etomología, especialmente Neurópteros*.

1903. Nicolás (D. Andrés). Cambo-les-Bains (Basses Pirénées, Francia.—*Coleópteros*.

1903. Nieto (D. Ladislao), Farmacéutico Militar, M. 1.° de Enero de 1905. Barcelona.

S. F. Palacios (D. Pedro), de la Real Academia de Ciencias. Monte Esquinza, 9, Madrid.—*Geología*.

1915. PARDO Y GARCÍA (D. Luis), Secretario de la Sección de Valencia de la Real Sociedad Española de Historia Natural. San Vicente, 205, Valencia.

1908. PASCUAL M. DE QUINTO (D. Francisco), Ingeniero Agrónomo. Logroño.

S. F. PAU (D. Carlos), Farmacéutico. M. 3 de Enero de 1906. Por Calatayud, Segorbe. — *Fanerógamas de Europa y mediterráneas de Asia y Africa.*

1908. PELLA Y FORGAS (D. Pedro), Ingeniero Industrial, químico y mecánico. Socio de Mérito de las Económicas Aragonesa y Gerundense de Amigos del País, Ingeniero Jefe de los Ferrocarriles de Zaragoza a Cariñena y Utrillas.

1903. PÉREZ (R. P. Apolonio), S. J., Colegio de Granada.

1915. PÉREZ DE OLAGUER FELÍU (D. Francisco). Diagonal, 510, Barcelona.—*Mineralogía.*

1904. PITARQUE (D. Jacinto Antonio de). Paseo de Sagasta, núm. 19, Zaragoza.

1900. PUEYO Y LUESMA (D. José). Doctor en Ciencias e Ingeniero Industrial, Cinco de Marzo, 4, ent.º, izqda , Zaragoza.—*Arqueología.*

1904. PUIG Y LARRAZ (D. Gabriel). Ingeniero Jefe de Minas. Fomento, 1, dup.º, 1 º, Madrid.

1908. PUJIULA (R. P. Jaime), S. J., Colegio de San José, Roquetas (Tarragona).—*Biología.*

1915. QUERALT GILI (D. Ramón). Rambla Nueva (Barcelona), Igualada.

1906. RICARTE (D. Rafael). S. Miguel, 50, Zaragoza.

1905. RODRIGO Y PERTEGÁS (D. José), Médico. Bolsería, 44, Valencia.

S. F. RODRÍGUEZ RISUEÑO (D. Emiliano), Catedrático de la Universidad de Valladolid.

1911. ROJAS (D. Rafael de), Marqués de Algorfa. Plaza de Ramiro, 3, 2.º, Alicante.

1912. ROMEO (D. Fermin), Doctor en Ciencias, Profesor en la Universidad de Zaragoza.

S. F. Royo (D. Ricardo), Catedrático de la Universidad. Independencia. 21, 1.°, Zaragoza.

1908. Sagóls (D. Enrique), Ingeniero. Ramón y Cajal, 75, Zaragoza.

1909. Sagristá y Llompart (Rdo. D. Emilio), Presbítero, Catedrático de Historia Natural en el Seminario de Palma (Baleares).

1912. Salas (D. Jaime de), San Esteban de Litera (Huesca)

1913. Salvador (D. Mariano de), Castejón de Monegros (Huesca).

1913. Sánchez (R. P. Francisco de P.), S. J. Profesor de Historia Natural en el Ateneo. Manila (Filipinas).

1910. Sánchez Robles (R. P. Manuel), S. J. Colegio de S. Ignacio, Sarriá (Barcelona).

1914. Sánchez Rodrigo (D. Angel), Farmacéutico. Trillo (Guadalajara).

1912. Sánchiz Pertegás. (D. José). San Vicente, 151, Valencia.—*Lepidópteros.*

1905. Sans (D. Pelegrín), Ingeniero Jefe de Caminos. Bordadores, 3, pral., Madrid.

1906. Sansano (D. Juan Bautista) Castelltersol (Barcelona).

1907. Santa María (D. Ramón de), Árcade Romano. Santiago, 14, Alcalá de Henares (Madrid).—*Arqueología.*

1905. Santadréu y Averly (D. Juan), Ingeniero Industrial. Riegos y fuerzas del Ebro, S. A., Reus (Tarragona).

1904. Santos y Abréu (D. Elías), Director del Museo de Historia Natural y Etnográfico, Santa Cruz de la Palma (Canarias).—*Etomología y Botánica.*

1904. Secall (D. José), Ingeniero Jefe de Montes. Villanueva, 43, 3.°, dcha., Madrid.—*Botánica.*

1912. Seguí (D. Miguel), Farmacéutico. José María Cuadrado, 15, Ciudadela (Baleares).

1906. SENNÉN (H.), de las Escuelas Cristianas. Paseo de Bonanova, 12, Barcelona. — *Faneró-gamas.*

1914. SERÓ (D. Prudencio), Médico. Aribáu, 150, 2.°, 1.ª, Barcelona.

1911. SERRADELL (D. Baltasar), Doctor en Medicina y Cirugía. San Pablo, 73, 1.°, Barcelona.

1909. SIERRA (Rdo. D. Lorenzo), · Pbro. Paúles, Camberi, Madrid.—*Prehistoria.*

S. F. SILVÁN (D. Graciano), Catedrático en la Universidad, M. 13 de Enero de 19 9. Paseo de Sagasta, 7, 2.°, Zaragoza.

1904. SOLER Y PUJOL (D. Luis), Naturalista preparador, Raurich, 16 y 18, Barcelona.

S. F. SSTUART MENTEATH (D. Patricio W.), M. 4 de Enero de 1905. St. Jean de Luz (Basses Pyrénées, Francia.—*Geología.*

1908. SUBIRÁCHS FIGUERAS (D. Santiago), Doctor en Medicina y en Farmacia. Esplugas de Llobregat (Barcelona).

1903. TARÍN Y JUANEDA (D. Rafael), Doctor en Ciencias Naturales, profesor auxiliar en la Universidad. Torno de San Cristóbal, 9, Valencia.

1912. TARRÉ (D. Emilio). Sobradiel, 4, Barcelona.— *Ornitología.*

1904. TOLEDO (D. Angel), Licenciado en Ciencias, Cinco de Marzo, 11, dupdo., 3.°, Zaragoza.

S. F. TONGLET (D. Augusto), Gouvernement provincial, place de Saint Aubain, Namur (Bélgica).—*Musgos y Líquenes.*

1909. TORRE BUENO (D. J. R. de la). Wite Plains, 14, Dusembury Place, (N. Y., Estados Unidos).—*Hemípteros, especialmente acuáticos.*

1904. TUTOR (D. Vicente), Médico. Calahorra (Logroño)·—*Coleópteros.*

1910. VALDERRÁBANO (R. P. Pedro), S. J., Director del Laboratorio biológico. Colegio de San José. Valladolid.

1915. Vargas (D. Juan M.ª), Sagasta, 9, pral., Zara-
       goza.

S. F. Vicente (D. Melchor) m 14 de Enero de 1903. Orti-
       gosa (Logroño) —*Geología.*

1910. Vidal y Carreras (Ilmo Sr. D. Luis Maria-
       no), de la Real Academia de Ciencias de
       Barcelona. Diputación, 292, pral., Barcelona.
       —*Geología.*

1915. Villarroya y Ortega (D. Antonio), Licen-
       ciado en Farmacia. Cinco de Marzo, 1, dupl.º
       1.º,.Zaragoza.

1909. Viñes y Masip (Rdo. D. Gonzalo), Presbítero.
       José Espejo, 13, Játiva, (Valencia).

1913. Yáñez (R. P. Ginés), S. J. Profesor de Historia
       Natural en el Colegio de Ntra. Sra. del Re-
       cuerdo. Apartado 106, Madrid.

1908. Yeste Rufaza (Rdo. D. Benito), Presbítero.
       Lubrín (Almería).

1915. Zabala (R. P. Julián), S. J., Profesor de His-
       toria Natural en el Colegio de San Bartolo-
       mé. Bogotá (Colombia)

PUBLICACIONES QUE RECIBE LA SOCIEDAD ARAGONESA DE CIENCIAS NATURALES

A CÁMBIO

ALEMANIA

Berlín . . . Mitteilungen der Berliner Zoologi-
   »   schen Museums.
                Naturæ Novitates.
   »   Deutsche Entomologische Gesellschaft
   »   Entomologische Mitteilungen.
Colmar. . . Société d' Historie Naturelle.
Halle a. Saale. Kaiserl. Leop. Carol. Akademie der
                Naturforscher.
Hamburgo . Naturwischenschaftlichen Verein.

Stutgart. . . Entomologische Rundschau, Insek-- ten–Börse y Societas Entomologica.
Munich. . . Münchner Entomologische Gesell- schaft. *Mitteilungen.*
Frankfurt a. M. Entomologisdhe Zeitschrift y Fau- na exotica.

REPÚBLICA ARGENTINA

Buenos Aires. Ministerio de Agricultura.
» Museo Nacional de Historia Natu- rai. Anales.
La Plata . . Museo. Anales y Revista.

AUSTRALIA

Perth. . . . Geological Survey. Bulletin,

AUSTRIA-HUNGRÍA

Budapest. . Magyar Botanikai Lapók.
» Musée National Hongrois.
Cracovia . . Académie des Sciences.
Rovereto . . I. R. Accademia degli Agiati.
Viena. . . . K. K. zoolog.-botan. Gesellschaft.

BÉLGICA

Bruxelles. . Société Royale Zoologique et Malaco- logique. Annales
Société belge de Géologie, de Paléon- tologie et d' Hydrologie.
Société Royale de Botanique de Bel- gique.
» Société Entomologique de Belgique.
Louvain . . Société Scientifique de Bruxelles. Annales

BRASIL

Pará . . . . Museo Goeldi.
Sao Paulo. . Sociedade Scientifica.

CANADÁ

Guelph . . . Eniomological Society of Ontario.
The Canadian Entomologist y Annual Repoıt.

CHILE

Talca. . . . Escuela Práctica de Agricultura.

COLOMBIA

Bogotá . . . Sociedad de Ciencias Naturales del Instituto de La Salle.

COSTA RICA

San José. . . Instituto Físico-Geográfico.

ESPAÑA

Barcelona. . El Criterio Católico de las Ciencias Médicas.
Institució Catalana d' Historia Natural. Butlletí
Real Academia de Ciencias y Artes. Memorias, Boletín y Nómina
Centré Excursionista. Butlletí.
»   Club Montanyenc.
»   Sociedad de Psicología.
Lérida . . . Centre Excursionista de Lleyda. Butlletí
Madrid . . . Razón y Fe.
»   Real Academia de Ciencias. Revista, Memorias y Anuario.
Real Sociedad Española de Historia Natural. Memorias y Boletín.
Real Sociedad Geográfica. Boletín, Revista y Anuario

Pontevedra . Broteria.
Tarrasa . . Centre Excursionista de Tarrasa. Arxiu.
Zaragoza . . Real Academia de Medicina. Memorias.

ESTADOS UNIDOS

Berkeley . . University of California.
Chicago. . . Academy of Sciences.
Cincinnati . Mycological Notes.
Claremont . Pomona Journal of Entomology and Zoology.
Columbia. . University of Missouri.
Madison . . Wisconsin Academy of Sciencies, Arts and Letters.
New Haven . Yale University Library.
New York. . American Museum of Natural History.
» » Zoologica, New York Zoological Society.
Philadelphia. Academy of Natural Sciencies.
» American Philosophical Society.
Rok Island. Ill. Augustana Library Publications.
St. Louis Mo. Missouri Botanical Garden.
Urbana. . . University of Illinois Library.
Washington. Smithsonian Institution.
» United States National Museum.

FILIPINAS

Manila . . . Manila Central Observatory.

FRANCIA

Argel. . . . Societé d' Historie Naturelle de l' Afrique du Nord. Boletín.
Béziers. . . Societé d' étude des Sciencies Naturelles.
Biarritz. . . Biarritz Association.
Bourg. : . . Société des Sciencies Naturelles et Archéologique de l' Ain.

Carcassonne. Société d' Etudes Scientifiques de
l' Aude.

Chalon-sur-Sâone. Société des Sciencies Naturelles
de Sâone-et-Loire.

Lévallois-Perret. Association des Naturalistes. BO-
letín. Anales.

Lyon . . . . Société Botanique de Lyon.

    »   Société Linéenne de Lyon.

Moulins. . . Revue Scientifique du Borbonnais et
du Centre de la France.

Nantes . . . Société des Sciencies Naturelles de
l' Ouest de la France. Boletín.

París . . . Bulletin du Muséum d' Histoire Naturelle.

     La feuille des Jeunes Naturalistes.

     Société Entomologique de France.
Boletín y Anales.

Reims . . . Rociété d' étude des Sciencies Naturelles.

Rennes . . . «Insecta».

Uzés . . . . Miscellanea Entomologica.

HOLANDA

Maestricht . Naturhistorisch Genootschap in Lim-
burg.

ITALIA

Acireale . . Reale Accademia di Scienze, Lettere
e Arti.

Catania. . . Accademia Gioenia di Scienzie Naturali.

Firenze . . . Redia.

     «   Società Botanica Italiana.

Genova. . . Museo Civico di Storia ·Naturale.
Annali.

     »   Società Ligustica di Scienze Naturali.

Milano. . . Società Italiana di Scienze Naturali.

Modena. . . La nuova Notarisia.

Napoli . . . Società di Naturalisti.
Padova . . . Società Veneto-trentina di Scienze Naturali.
Palermo . . Reale Orto Botanico.
Pisa . . . . Società Toscana di Scienze Naturali.
Portici . . . . Laboratorio di zoologia generale e agraria.
Roma . . . Reale Accademia dei Lincei.
    «   Società Zoologica Italiana.
Udine . . . Circolo Speleologico ed Idrologico. Friulano. Mondo sotterraneo.
Verona . . . Madonna Verona.
Vicenza . . . Bolletino del Museo Civico.

MÉXICO

México . . . Instituto Geológico. Memorias y Parergones.
    »   Sociedad Científica «Antonio Alzate». La Naturaleza.

PANAMÁ

Panamá . . Museo Nacional. Publicaciones.

PORTUGAL

Coimbra . . Sociedade Broteriana.
Lisboa . . . Comunicações da Comisâo do Serviço Geológico de Portugal.
Academia de Sciencias. Jornal, Boletim Bibliographico.
Société Portugaise de Sciences Naturelles.

RUSIA

Helsingfors . Societas pro Fauna et Flhora fennica.
Moscou . . . Société impériale des Naturalistes.

Petrogrado . . Société entomologique de Russie.
Horæ Societatis Entomologicæ Rossicæ y Revue Russe d'Entomologie.

Tiflis . . . . Jardín botánico.

SUECIA

Upsal . . . . Universidad. Publicaciones.

SUIZA

Berne . . . Société entomologique suisse.
Genéve . . Institut de Botanique. Université.
Lausanne . . Société vaudoise des Sciencies Naturelles.
Neufchatel . Société neuchateloise des Sciences Naturelles.
Zurich . . . Naturfoschende Gesellschaft.

URUGUAY

Montevideo . Museo de Historia Natural. Anales

SESIÓN DEL 5 DE ENERO DE 1916

Presidencia del R. P. Longinos Navás, S. J.

Se dió principio a la sesión a las quince, con asistencia de los Sres. Aranda (D. F.), Ardid, Azara, Gómez Pou, Gómez Redó y Vargas, excusando su asistencia por enfermedad el Sr. Górriz y por ausencia los señores Ferrando y Pueyo, a quien suple el Sr. Azara, Vicesecretario.

Toma de posesión.—Al posesionarse de sus cargos la nueva Junta el Sr Presidente, se congratula del estado floreciente de la Sociedad al entrar en el año quince de su existencia. Las comunicaciones de los Socios han sido muy variadas e interesantes en el año que acaba de transcurrir y el número de votos enviados para la elección de la Junta, delata el interés creciente que toman los señores socios por las cosas de la Sociedad, cuyo estado económico es más próspero que nunca. Da las gracias en nombre de la Junta a los socios que han contribuído a su elección, y propone un voto de gracias a la Junta saliente.

Correspondencia.—El nuevo Presidente Sr. Cadevall, da las gracias a los señores que le propusieron para el cargo y a los que le eligieron, ofreciendo su valiosa cooperación a los fines de la Sociedad. El P. Zabala y el Sr. Vargas dan las gracias por su admisión.

Admisión de socios.—A propuesta del Sr. García Molins y del R. P. Navás, fué admitido el Dr. F. Haas, de Flix. Es su especialidad la Malacología.

Comunicaciones.—En nombre del Sr. de Salvador el P. Navás, presenta un ejemplar de ulmina, de Arnes, (Tarragona), idéntico a los de San Cosme y San Damián (Huesca), estudiados por el Sr. Dosset en este Boletín (1904, p. 249). Se presentan para publicarlas en el Boletín las siguientes comunicaciones:

Nota sobre sinoninia de Hemípteros Homópteros, por el P. Navás.

Necrología de Fabre, por el Sr. Azara.

Notas biológicas. 8. La provocación de raíces adherentes de Hedera hélix L. ¿es efecto de heliotropismo o tigmotropismo? por el P. Pujiula.

Sobre una concha fluvial interesante (*Margaritana auricularia* Spglr.) y su existencia en España, por el Dr. Haas.

Aprobación de cuentas.—Los Sres. Górriz y Ferrando declaran que han examinado las cuentas presentadas por el Sr. Ardid y las hallan conformes con los justificantes, pidiendo un voto de gracias para el Sr. Tesorero, el cual fué acordado por unanimidad.

Estado económico de la Sociedad.—Conforme a los datos del Sr. Tesorero, el estado económico de la Sociedad es el siguiente a 1.º de Enero de 1916:

Ingresos . . . . 1.361'16 ptas.

Gastos. . . . . 1.046'70 »

Existencia en Caja el 31 de Diciembre de 1915   314'46   »

Elección de nuevo Tesorero.—El Sr. Presidente, lamentando que las frecuentes y largas ausencias del Sr. Ardid no le permitan continuar con la Tesorería que con tanto celo y actividad desempeñaba, declara que para substituirle la Junta Directiva ha nombrado al Sr. Vargas, quien recibe los documentos de su cargo.

Concurso para 1916.—Se acuerda proponerlo en las mismas condiciones de los años precedentes.

Presentación de libros.—Además de las revistas últimamente recibidas a cambio se presentaron tres libros donados a la biblioteca de la Sociedad.

Fiestas del CL aniversario de la fundación de la Real Academia de Ciencias y Artes de Barcelona.

Las estepas de España y su vegetación, por el doctor Eduardo Reyes Prósper.

¡Recoged minerales! por el R. P. Joaquín de Barnola, S. J.

Item varios artículos del Sr. Stuart Menteath que se distribuyen a los socios presentes.

Varios.—Presentados otros asuntos del régimen interno y económico de la Sociedad y leída por el P. Navás la Crónica científica se levantó la sesión a las dieciséis y media.

Concurso para 1916

La Sociedad Aragonesa de Ciencias Naturales propone a sus socios dos premios:

Objeto 1.º   Escrito sobre un asunto de Historia Natural, a elección del concursante. Premio: Medalla de la Sociedad y 100 pesetas.

Objeto 2.º   Una colección de objetos de Historia Natural. Premio: Medalla de la Sociedad y 50 pesetas.

Condiciones —La colección podrá ser, por ejemplo, de minerales, rocas, insectos, plantas, preparaciones microscópicas, etc.

La bondad o mérito de ella será proporcional, no

sólo al número de objetos, sino a su excelente clasificación y preparación, a su rareza o novedad, etc.

En igualdad de circunstancias será preferible la colección aragonesa a la de otra región.

Cualquier socio de la SOCIEDAD ARAGONESA DE CIENCIAS NATURALES podrá optar al premio o premios.

La colección o escrito deberá presentarse antes del 1.º de Diciembre próximo, acompañado de un lema que se inscribirá asimismo en sobre o carpeta en el que se contenga el nombre del autor.

COMUNICACIONES

Nota sobre sinonimia de Hemípteros Homópteros

En Oshanin «Katalog der paläarktischen Hemipteren», Berlin, 1912, p. 99, leo:

Megalopthalmus Curt. 1833. *Paropia* Germ. 1833.

Por otra parte en Olivier «Genera Insectorum, Lampyridæ, 1907, p. 47 se escribe:

Megalophthalmus Gray, in Griffith's Anim. Kingd. Ins. Vol I, p. 371 (1832).

Siendo anterior el nombre *Megalophthalmus* aplicado a un género de Coleópteros, es menester, conforme a las leyes vigentes de nomenclatura, suprimir el nombre *Megalophthalmus* Curt. atribuído a un género de Hemípteros y substituirlo por el de **Paropia** Germ. 1833.

En su consecuencia también se ha de substituir el nombre de la tribu *Megalophthalmini* o subfamilia *Megalophthalminæ* por el de **Paropini** nom. nov., tribu de Hemípteros Homópteros de la familia de los Jásidos, o si se quiere llamar subfamilia se dirá **Paropinæ** nom. nov.

LONGINOS NAVÁS, S. J.

JUAN ENRIQUE FABRE

Las Ciencias Naturales lloran la muerte de un poeta.
Todos aquellos que durante su vida han sido útiles
a la humanidad ilustrándola con la sabiduría, fruto de
sus estudios, o confortándola en sus desgracias con la
caridad de sus nobles almas, cuando mueren parece
como si se rompiera la pompa de jabón en que vivie-
ran contenidos, henchida de un perfume tan intenso
que embalsamara el ambiente de su Patria. Después de morir los grandes hombres es cuando las mul-
titudes se dan cuenta de su valía. Entonces la Patria
siente con la necesidad de enaltecer al hijo perdido el

orgullo de ser su madre. Y entre las gradaciones de este natural y elevado sentimiento ocupa lugar culminante en la serie aquel que produce el glorioso fin de los héroes que mueren por defender su bandera.

Por esto mismo, ahora, cuando Francia sufre con la espantosa guerra el peso de la gloria de tantos millares de sus hijos como sucumben victimas de su deber, parecería excusable que echara en olvido rendir el merecido tributo a un sabio suyo, muy original por cierto; al naturalista entomólogo D. Juan Enrique Fabre, que ha entregado su alma a Dios a los 92 años de edad, junto a unos laboratorios, que su larga vida hizo famosos, en Serignan. Sin embargo, Francia, en estos momentos de agobio para el país, ha hablado de este hombre admirable con el respeto y la simpatía que son justos. Es verdad que así paga una deuda que durante largos años mantuvo sin liquidar; pues bueno será decir en España, donde es fama que a nuestros genios se les descubre en el extranjero antes que aquí, que aun en Francia—modelo de naciones celosas defensoras de sus glorias científicas—tardan a veces a ser conocidos sus grandes hombres.

Fabre ha sido un naturalista notabilísimo que ha descubierto en la vida y costumbres de los insectos una ciencia y un arte tan exquisitos que pregonan en todo momento la sabiduría de Dios. «En las salas de Serignan—dice un escritor (1)—sobre largas mesas de roble, cubiertas de zinc, de arena y de hierbas o ramajes diversos, se alineaban altas campanas de cristal, bajo las cuales nacían, crecían, amaban y morían —de tranquila muerte natural—millares de insectos observados a todas horas por la paciente lupa de Fabre.»

La relación de sus descubrimientos, hecha con una sencillez y un arte encantadores ha sido la obra maestra de Fabre. Estos trabajos han visto la luz en una revista belga, la «Revue des Questions Scientifiques» que la Sociedad Científica de Bruselas publicaba en

___

(1) D. Antonio G. de Linares, cronista de «La Esfera» en París.

Lovaina, y en otras publicaciones. En esas páginas es donde he podido leer un delicioso artículo de Fabre como el titulado «Le ver luisant», inimitable (2). Evidentemente, fué una frase muy afortunada la del célebre poeta que llamó a Fabre el «Homero de los insectos». Frase capaz de darlo a conocer si ya no lo hubieran logrado los artículos de la citada publicación belga, coleccionados en una obra titulada «Souvenirs entomologiques», cuyos diez tomos contienen el rico manjar espiritual que pueden gustar todas las almas capaces de saborear la poesía.

Hay poetas pequeños que a fuerza del incesante trabajo a que someten el lenguaje, intentan aprisionar en su obra algún destello de belleza. A otros, a los grandes poetas, mejor dicho, a los únicos que son poetas, bástales concebir ideas elevadas, grandiosas— o descubrir dónde las hay—y exponerlas sencillamente, en la seguridad de que su obra, pletórica de belleza, reventará en poesía por todas partes, a pesar de la poca alcurnia que puedan tener las voces empleadas. Esto ocurre con los artículos de Fabre.

Y yo me lo explico muy sencillamente; no concibo que pueda haber hombres sabios en Historia Natural o en Astronomía que «al contar sus impresiones» no hagan poesía. Si los hay no serán verdaderos sabios, porque su competencia debe cancelarse con su extraña ignorancia que es la que enturbia los ojos de su alma, la ignorancia de Dios. Creyendo en Dios, El da indefectiblemente con la sabiduría en Ciencias Naturales o en Astronomía el don de la poesía, es decir, el arte de expresar la belleza de esas creaciones portentosas como son los astros del cielo y los seres vivos de la tierra.

Fabre vivió en Francia durante setenta y cinco años ignorado de su Patria— según dice un biógrafo— tildado de loco de reata por los sabios «oficiales» y admirado y conocido tan sólo por un centenar de hombres de espíritu superior, que habían leído con fervor

(2) «Revue des Questions Scientifiques», Julio 1909, pág. 370.

y amor—como se lee un breviario—la obra portentosa del naturalista, filósofo y poeta.

Mæterlinck, el celebrado autor de «La vida de las
abejas» clamó indignado por el abandono en que
Francia tenía a Fabre; y se organizó un homenaje
cuando aún era, en general, desconocido el cúmulo
de sus acertadas investigaciones.

La «Revue des Questions Scientifiques», al verse
privada de la colaboración interesantísima e insus-
tituíble de Mr. Fabre, el 1910, a causa de la ceguera y
achaques propios de la avanzada edad del entomólogo, se lamentaba con frases muy sentidas y cariñosas.
Le llama «el niño de los campos» y «el hombre de un
solo libro: el de la naturaleza, del que ningún hombre es autor».

Poco antes, el 3 de Abril de 1910, con motivo del
Jubileo del entomólogo se le honró con un homenaje,
siendo visitado en su casa por una numerosa representación de la ciencia francesa. Entonces pronunció
un discurso Mr. Perrier, director del Museo de Historia Natural, de París (3) del cual voy a tener el gusto
de traducir las siguientes líneas:

«Las mariposas, a pesar de su rica vestidura,—tal
vez a causa de ella—nunca llamaron mucho vuestra
atención. El aspecto de estos seres, su frivolidad, no
se concilia con nuestro temperamento sencillo y laborioso.»

«Permitidme haceros una confesión: hasta tal punto me ha seducido vuestro estilo encantador que incluso os lo robé un día. Todos los años las cinco Academias del Instituto tienen una sesión general bajo la
célebre cúpula, y cada una delega en uno de sus
miembros para divertir, si puede, o al menos para
entretener a un público selecto. Una vez fuí yo desig-
nado para este papel, y subí a la tribuna vestido de
uniforme, a referir sencillamente la historia de vuestro laboratorio y de vuestros trabajos. Los aplausos y

---

(3) Inserto en la «Revue Scientifique (Revue Rose), de París. 7 de
Mayo de 1910.- Pag. 577.

la admiración causada por mi relato, me avergozaron al pensar que aquellas demostraciones no me correspondían porque debían dirigirse al modesto obrero de la ciencia, que tal vez en aquellos mismos momentos, en Serignan, se hallaba de rodillas sobre el suelo, en disposición de realizar algún descubrimiento mientras yo ocupaba el puesto triunfal que a él le correspondía.»

La lectura de algunos escritos de Fabre me ha traído a la memoria aquellas páginas bellísimas del «Símbolo de la Fe», con que recreaba los primeros años de mis estudios en el Colegio del Salvador, de Zaragoza, donde tantas habilidades o curiosas propiedades de los seres de la Creación son justamente encomiadas.

Mas ahora que vivimos en el siglo de criticismo, de análisis, de incredulidad o de duda; en que todos los argumentos se pulverizan para examinarlos y se discuten para destruirlos, la «Introducción al Símbolo de la Fe», esa obra bellísima del P. Granada, modelo siempre magnífico de lenguaje y de elocuencia, tal vez gentes poco cristianas y aun algo ignorantes la tacharan hoy de endeble, como obra apologética, sin contar con su venerable ancianidad, digna de los mayores respetos...

Pero al ver la obra de Fabre, me pregunto si no es la misma del P. Granada con cinco siglos menos de edad, rejuvenecida y puesta al día... O en términos más modernos y más científicos (?) si no será el P. Granada que ha evolucionado hasta llegar a Mr. Fabre. La precisión, la exactitud científica que en algún caso pudo faltar al P. Granada, acompaña siempre a Fabre.

El clásico escritor, príncipe de la elocuencia española, el literato y apóstol del siglo XVI, hase convertido en el siglo xx en un sabio entomólogo de cuya pluma sencilla fluye con elegante y extraordinaria naturalidad la expresión de la belleza más pura, engalanada, como con un collar de hermosas perlas, con rosario larguísimo de investigaciones admirables.

Aquel fogoso encomio de la divina obra de la Creación, se ha convertido en una página de ciencia que con todo derecho puede esgrimir hoy día la Apologética cristiana si alguien pretendiera arriar la bandera del Creador que un glorioso dominico español colocó en la cumbre más alta del más vasto de los imperios de la palabra humana: la léngua castellana.

Francia ha ejercido un imperio espiritual en el mundo moderno de los descubrimientos científicos, por la valía de sus sabios: noble y justo es reconocerlo, como España lo ejerció en pasados siglos. Al ponderar y divulgar, con estas lineas insignificantes, el mérito del francés ilustre que acaba de fallecer en Serignan, me congratulo de haber hallado esos puntos de contacto con nuestro clásico autor. Porque además de quedar probada la relación entre ambos escritores cuya existencia se encuentra separada por medio millar de años, vemos que, efectivamente, la ciencia humana ha evolucionado, pero que hoy, como ayer, la mano de Dios está en todas partes; y si la ciencia nos entrega sus mejores telescopios y sus más potentes microscopios, en el fondo insondable de los cielos o en el mar insignificante de una gota de agua no podremos ver brillar otra cosa que el polvo resplandeciente de la Creación Divina.

JOSÉ MARÍA AZARA

CRÓNICA CIENTÍFICA

DICIEMBRE

ESPAÑA

BARCELONA.—El Rdo. D. Pedro Marcer, Pbro. Ha sido elegido Presidente de la Real Academia de Ciencias y Artes de Barcelona.

— La misma Academia ha publicado un hermoso volumen ilustrado con varias láminas la relación de las fiestas científicas celebradas con motivo del 150 aniversario de su fundación. Produce muy grata impresión la lectura de las entusiastas adhesiones de gran número de Academias y otras Sociedades científicas del globo. En la lista de las adheridas figuran 16 de sólo Madrid y no es fácil explicarse la preterición de la Real Sociedad Española de Historia Natural, que tan solícita se muestra por todo lo que suena a glorias científicas de nuestra patria; y sin embargo no la vemos mencionada una sola vez en todo el tomo. La nuestra Aragonesa de Ciencias Naturales aparece honrosamente en muchas páginas y varios de sus individuos asistieron personalmente a las fiestas jubilares.

La historia y vicisitudes de la Corporación está trazada de mano maestra por el Sr. Murúa. Las láminas, que representan los personajes que a estas fiestas contribuyeron, S. M. el Rey, con autógrafo al pie, los Sres. Bergamín, Ministro de Instrucción Pública, Doménech Presidente de la Academia, Puig y otros y no menos los facsímiles de la fundación de la Corporación y el discurso del Sr. Subirás, el primero que en ella se leyó, son de grandísimo interés para la historia de la cultura española.

El tomo tiene 271 páginas y 15 láminas y creemos es el primero de su índole que se ha publicado en España.

(Concluirá). L. N.

Tip. F. Gambón, Canfranc, 3 y Valencia, 2.--Zaragoza.

BOLETÍN

DE LA

SOCIEDAD ARAGONESA DE CIENCIAS NATURALES

COMUNICACIONES

Sobre una concha fluvial interesante ("Margaritana auricularia,, Spglr.) y su existencia en España.

POR EL DR. F. HAAS (1)

Hasta fines del siglo pasado, dominaba en la clasificación de los moluscos el método puramente conquiliológico, esto es, los caracteres de las conchas marcaban principalmente la diferenciación sistemática de los diversos géneros y especies. En el capítulo de las conchas fluviales, en las cuales la configuración del cierre es el carácter diferencial más importante, condujo este sistema a la siguiente clasificación:

Anodonta Lamark

para las especies con cierre desdentado,

Margaritana Schumacher

para conchas con cierre compuesto exclusivamente de dientes cardinales,

---

(1) En la traducción del original alemán nos ha ayudado eficazmente nuestro querido amigo y consocio, el Sr. García-Molíns.

Unio Retzius

para las especies con cierre completo, esto es, con dientes cardinales
y laterales.

Pero cuando se comenzó a estudiar también las
partes blandas de las conchas fluviales, apareció la
sorpresa de encontrar *uniones* que según su configuración anatómica eran géneros afines de *Anodonta* y,
finalmente, *uniones* que según sus partes blandas
aparecian como pertenecientes al género *Margaritana*. Entre estos últimos está *Margaritana auricularia* Spglr., que hasta hace pocos años era considerada como *Unio*—entonces bajo el nombre *Unio
sinuatus* Lam., nombre que no responde hoy a las
leyes de prioridad.

Antes de pasar a tratar de la *Margaritana
auricularia* y su extraordinaria importancia en la
Biología y en la Paleontología, objeto principal de
este pequeño estudio, haremos una comparación de
las diferencias conquiliológicas y anatómicas entre
los géneros *Margaritana* y *Unio* para que los colec-
cionistas de moluscos españoles, puedan convencerse,
utilizando los uniones (1) y las margaritanas (2) del
país, de que el moderno método de clasificación está
bien fundamentado. Suponemos conocidos los términos técnicos empleados en esta comparación para
denominar las diferentes partes de la concha y de las
partes blandas y no queremos definir más que dos
menos conocidos, *Marsupium* y *Glochidium*.

Como es bien sabido, las conchas fluviales hem-
bras no depositan sus huevos directamente en el agua,
sino que los pasan por un conducto especial a sus
branquias, en donde se desarrollan. Estas branquias,
que contienen huevos en estado de desarrollo y que,
por lo tanto, están sujetas a una función doble, pues
sirven para la respiración y para la incubación simultáneamente, se denominan con el término *Marsu-*

(1) Numerosas formas locales de los grupos *Unio Requient* Mich ,
U. batavus Lam. y *U littoralis* Lam.
(2) *Margaritana auricularia* Spglr. y *Marg. margaritifera* L.

pium. La posición del marsupio no es la misma en todos los géneros de conchas fluviales o *Náyades*, puesto que según los casos, funciona como tal el par exterior de branquias, el par interior o ambos a la vez. De los huevos de las Náyades, no se desarrolla directamente la náyade joven, sino una larva, tan diferente de la concha madre, que, al ser descubierta, se la tomó por otro animal, que se llamó *Glochidium*, término que se ha conservado para denominar la larva de las náyades. Este gloquidio es un pequeño organismo bivalvo de 0,5 a 0,15 m|m próximamente, que, contrariamente a la concha adulta, posee un único músculo aductor y se distingue además por otros órganos peculiares. Entre estos últimos se encuentran extraños aparatos sensoriales en forma de pincel, y aparatos ganchudos, cuya disposición en los gloquidios varia en los diversos géneros de náyades; en cuanto a los aparatos de gancho pueden presentarse en gran número o en un par único de mayor tamaño.

Hasta su transformación en la náyade desarrollada, muestra el gloquidio un fenómeno muy raro en los moluscos: pasa por un *estado de parásito*. Llegado a la madurez y expulsado del cuerpo materno, se adhiere con un hilo viscoso a los peces, fijándose en este alojamiento intermedio con el aparato de ganchos y viviendo algunas semanas de los jugos del pez para transformarse en él totalmente. Mientras que los uniones y anodontas escogen para su alojamiento las *aletas*, los gloquidios pequeñísimos de margaritanas (al menos nos consta así de la *Marg. margaritifera* L.), prefieren las agallas. Rodeada por todas partes la larva de náyades de un crecimiento anormal del tejido celular del pez, pierde poco a poco sus órganos de larva durante el estado parasitario y se desprende en forma de náyade de un tamaño de 3 a 4 m|m. En muchas especies de náyades, el pez que sirve de alojamiento intermedio pertenece siempre a la misma especie, o cuando menos a la misma familia de peces; *Marg. margaritifera* por ejemplo escoge siempre un salmónido; y como, según mis noticias, en el Ebro no hay peces asalmonados, sería muy interesante conocer el pez en el que se produce la transformación de la *Margaritana auricularia*.

Después de las observaciones precedentes, creemos que el siguiente cuadro será perfectamente comprensible.

Los géneros *Unio* y *Margaritana*, tal como los acepta la moderna Zoología, pueden definirse según sus propiedades más importantes, del siguiente modo:

UNIO

Concha en forma de óvalo, de menor a mayor eje, cuando vieja, pocas veces reniforme y entonces de contorno poco marcado, generalmente con área bien definida; umbones poco hinchados y siempre con escultura visible; cierre completo, con dientes cardinales y laterales siempre; cavidades umbonales no muy profundas.

Animal con las branquias interiores completamente separadas del saco abdominal o unidas a éste por su mitad. Branquias unidas a la capa externa hasta su punto posterior; aberturas branquial y anal provistas de papilas no arborescentes; abertura superanal cerrada por debajo; las dos hojas de

MARGARITANA

Concha alargada, cuando vieja, casi siempre reniforme; área apenas indicada; umbones bastante planos, mostrando, únicamente en sus puntos, una débil escultura; cierre generalmente incompleto, compuesto solamente de dientes cardinales, pero mostrando en determinadas especies, dientes laterales mejor o peor desarrollados; cavidades umbonales muy planas.

Animal con las branquias interiores separadas del saco abdominal en la mayor parte de su longitud. Branquias separadas de la capa externa en sus puntos posteriores; abertura branquial provista de papilas muchas veces arborescentes, cada branquia unidas por filamentos bien desarrollados.

Marsupium que llena las branquias externas en forma de almohada con relleno uniforme.

Glochidium relativamente grande, provisto solamente de un fuerte par de aparatos de gancho.

abertura anal sin papilas o con pliegues; abertura superanal abierta por debajo; las dos hojas de cada branquia unidas entre sí sólo de un modo incompleto por filamentos cortos y raros.

Marsupium compuesto de agregaciones de huevos dispuestos de una manera irregular en las cuatro branquias.

Glochidium relativamente muy pequeño, mostrando solamente algunos pequeños y débiles aparatos de gancho.

Las margaritanas constituyen un grupo muy pequeño; así como se conocen varios cientos de uniones, solamente hay cinco de aquéllas. Como se trata de un grupo muy extendido, pues se encuentra en Europa, una gran parte de Asia y Norte-América, esta pobreza de especies demuestra que nos encontramos frente a una sección de náyades muy antigua y bien consolidada, que ha perdido ya su plasticidad, lo cual queda también demostrado al considerar lo primitivo de sus partes blandas. Ello nos podría hacer creer que su florecimiento principal tuvo lugar en una de las pasadas épocas geológicas, hipótesis que parece inadmisible, pues casi puede decirse que no se ha encontrado ningún fósil de margaritanas. A esto podría replicarse que los paleontólogos se han servido hasta hoy todavía del método puramente conquiliológico, esto es, que no toman por margaritanas más que aquellas conchas fluviales con cierre incompleto.

Todavía un segundo punto parece hacer improbable la existencia de variados fósiles de margaritanas, en Europa al menos, y es que la mayor parte de náyades fósiles, tal como se encuentran en gran número de especies en la cuenca pannónica, muestran en la superficie de su concha una escultura muy clara, formada por pliegues ondulados, cualidad que poseen muchos uniones contemporáneos, pero que no se encuentra en ninguna margaritana europea de las conocidas hasta la fecha. Como estos uniones pertenecientes a la época actual y provistos de escultura de concha, viven principalmente en Norte-América y Asia Oriental y eran tomados por los paleontólogos por predecesores de náyades europeas de aspecto semejante, hubo que aceptar para explicar esta afinidad, atrevidas teorías sobre conexiones terrestres a través de los actuales océanos y lejanas emigraciones de animales.

Se comprende fácilmente la importancia de la comprobación que pude hacer en algunos ejemplares jóvenes de *Margaritana auricularia*, que me fueron enviados por el R. P. L. Navás y capturados en el Canal Imperial cerca de Zaragoza por el Sr. Otero (véase este Boletín, Vol. XIV, 1915, pag. 143). Como puede verse en la figura I de la lámina II, que representa uno de los citados ejemplares, muestra el área de la concha joven un sistema de pliegues suavemente ondulados que se asemeja muchísimo al que forma la escultura de las náyades terciarias.

La antigua escuela geológica, como hemos dicho antes, suponía los tres hechos siguientes: una estrecha afinidad entre nuestra fauna terciaria y las faunas exóticas contemporáneas, la extinción casi total de la primera al fin de la época terciaria y la inmigración de una nueva fauna al empezar la época actual. Fundamento principal de estas hipótesis era el faltar conchas fluviales entre las que hoy viven en Europa que, a causa de su escultura, podrían compararse con las náyades terciarias esculpidas. El haberse encontrado tal concha en forma de *Margaritana auricularia* joven, hace caer por su base esta teoría y da margen a supo-

ner, con bastante certeza, que nuestras actuales
náyades descienden de las terciarias y con ello resultan superfluas todas las teorías auxiliares sobre conexiones terrestres y emigraciones lejanas de animales. La segunda consecuencia que se deduce del hecho
de haberse encontrado una margaritana contempo-
ránea esculpida, es la de que tiene que haber margaritanas ocultas entre las náyades terciarias de aspecto
semejante, que antes se tomaban por uniones. Una
investigación más exacta de las náyades terciarias,
que todavía está por hacer, encontrará muy probablemente margaritanas entre las formas prolongadas y
de recia concha, con lo cual quedará demostrada
nuestra suposición de que este grupo primitivo, hoy
pobre de formas, ha sido más numeroso en épocas
pasadas.

Con lo expuesto espero haber esclarecido que un
hecho en sí poco importante, como el hallazgo de la
escultura de la *Margaritana auricularia* en su
forma juvenil, puede hacer tambalearse una teoría
tiempo ha introducida en la ciencia y pocas veces
contradicha. Con ello queda explicada la gran importancia que atribuyo al descubrimiento mencionado.

Pero *Margaritana auricularia* merece ser citada como concha interesante todavía por otra razón y
es que no tardará en correr la misma suerte del alca
gigante *Plautus impennis* L., siendo extirpada por
el hombre de la fauna europea. Hasta después de la
primera mitad del siglo pasado, nuestra concha no
se conocía más que en Francia, de donde pasó a
enriquecer los museos y colecciones, si bien en corto
número de ejemplares; se la encontraba allí en muchos ríos, en algunos de los cuales era tan frecuente
que se explotaba el nácar industrialmente para
botones y objetos similares. Pero nunca se conocieron
su anatomía y sus costumbres y solamente se tenían
algunos datos sobre el color de la parte blanda y su
marcada predilección por los parajes más profundos
de los ríos. Después, alrededor del año 80, llegaron
al oido de los zoólogos noticias de su aparición en

algunos ríos italianos y en el Ebro y Tajo. Los datos sobre la distribución actual de la especie, se completaron en los últimos cinco años con su descubrimiento en estado fósil en la Alemania occidental y central y en Inglaterra. El hecho de haber desaparecido la concha de otras partes y de no encontrarla ahora más que en el sur y en el oeste parecía probar desde un principio que se encontraba próxima a extinguirse y esta extinción parcial que hasta ahora no ha sido influída por el hombre en la parte norte y oeste de sus antiguos dominios, fué agravada por la cultura humana en Francia y en Italia, como consecuencia natural de haber ensuciado las aguas fluviales, lo que produjo la desaparición casi completa o al menos una notable reducción de esta concha en los dos países citados. Los ejemplares italianos de nuestra margaritana son de gran rareza; tampoco los franceses son abundantes y parece que esta especie no haya llegado todavía al comercio.

Para completar la comparación con la extinguida alca gigante, hay que recordar que esta ave, antes tan abundante en las costas septentrionales de Europa, a causa de la persecución de que fue objeto (1) desapareció tan súbitamente, que la mayor parte de los museos todavía no habían pensado en asegurarse un ejemplar (lo que hace que *Plautus impennis* sea hoy una de las mayores curiosidades ornitológicas). Con *Margaritana auricularia* pasó algo semejante; hace muchos años que las revistas profesionales no traen ningún nuevo descubrimiento de esta especie en Francia, en donde hasta ahora tantos ejemplares se habían encontrado; las fábricas de objetos de nácar han cesado de trabajar por falta de material y grandes museos, según nos han escrito hace poco de América, han intentado en vano durante muchos años el procurarse la concha por compra o cambio. Fué una pura casualidad el que en el Museo de

---

(1) El plumón con que revestían sus nidos era muy buscado para llenar edredones y al destruir aquéllos, quedaban deshechos los huevos.

Ciencias Naturales de París se haya conservado de mucho tiempo atrás en alcohol, un ejemplar, en el cual se pudo hacer la primera investigación anatómica y demostrar en su consecuencia la naturaleza de margaritana del supuesto *Unio auricularius*. Desgraciadamente, no se disponía de bastante material para esclarecer los dos importantes puntos del marsupio y del gloquidio, de modo que sólo quedaba a los malacólogos la esperanza de hallar un filón virginal para acabar de descifrar el enigma de nuestra ·concha misteriosa.

Nunca pude imaginarme que viniera a ser precisamente España (el país que hasta hoy tan pocos ejemplares de está concha rara había dado a los museos) en donde había de enriquecerse la ciencia con el tan deseado material de investigación. Por lo visto, era la agradable sorpresa que me reservaba el destino como valiosa indemnización a las molestias inherentes al forzado refugio en España, imposibilitado de volver a mi país, y a donde había pasado del sur de Francia cuando estalló la guerra. Otra casualidad fué el haber pasado por Zaragoza el invierno último, en donde tuve ocasión de visitar a mi célebre colega el R. P. Longinos Navás, quien me enteró de que en Sástago, a orillas del Ebro, era frecuente *Margaritana auricularia*. A las repetidas preguntas que más tarde hice al P. Navás y al alcalde de Sástago, Sr. Agellón, me fué comunicado, con una amabilidad que no pude menos de agradecer, que la abundancia de conchas en este lugar era tal que se explotaba industrialmente para los cuchillos de mango de nácar. También se me dijo que me cederían gustosamente algunas conchas y que la época más apropiada para capturarlas era bien entrado el verano, que es cuando el río está más bajo.

A causa de las extraordinarias lluvias de este año, hasta el mes de Septiembre no .alcanzó el Ebro su más bajo nivel, lo cual me hizo demorar hasta entonces mi visita a Sástago. La gran ˙amabilidad del Sr. D. Francisco Rodón, Director de la Sociedad

Metalúrgica del Ebro, a quien me complazco en enviar desde aquí la expresión de mi cordial gratitud, por los valiosos servicios que me prestó con su concurso, facilitó extraordinariamente mis trabajos en Sástago. El me puso en relación con el pescador de conchas, haciéndome posible el desarrollar mi propósito más pronto de lo que esperaba. Puedo adelantar que logré conservar en alcohol una hermosa serie de las apetecidas conchas con sus partes blandas y que también pude comprar numerosos ejemplares.

Por lo que se refiere a la abundancia de *Margaritana auricularia* en Sástago. supe por el pescador que hace 15 años todavía se sacaban del río fácilmente *40 arrobas en un día*, mientras que hoy no pueden pescarse mas allá de 3 a 4 arrobas, necesitando cerca de un mes. Ello hace que hoy no se ocupe tanta gente en pescar conchas, como en los buenos tiempos; actualmente él es el único que se dedica a esta tarea. A causa de los bajos precios que la fábrica le paga por las conchas (15 pesetas por arroba), no resulta lucrativo este trabajo.

La forma de efectuar la pesca pude observarla cuando me llevó a uno de sus mejores pozos. El Ebro tiene allí apenas 70 metros de ancho y aspecto de muy llano apesar de alcanzar profundidades de 5 y 7 metros. Hay un espeso bosque de álamos y chopos que cubre casi hasta la orilla dando al paisaje un aspecto septentrional (Véase fig. II de la lámina II).

El pescador me habia dicho que allí había jóvenes *Margaritana auricularia* hasta de 1,5 cm. de largas y yo estaba deseoso de ver estas formas juveniles hasta hoy desconocidas; por lo que mi desilusión fué grande al verle sacar a la orilla, en vez de pequeñas margaritanas, algunos ejemplares de *Unio Requieni* Mich. y *Unio littoralis* Lam., especies que allí se toman por margaritanas jóvenes. Esta desilusión, en cambio, enriqueció mi botín con estas dos especies de uniones, con las que no contaba.

Para capturar la *Margaritana auricularia*

adulta empezó el pescador por vestirse un traje de baño completo con el que se echó al agua y al llegar a la mitad del ancho del río cerca de un pozo, sumergióse (o "capuzó„ como él decía) volviendo a los quince segundos a la superficie sin una concha. Todavía hubo de repetir el "chapuzón„ varias veces hasta salir con la primera margaritana, que era un ejemplar de catorce centímetros de longitud. Este procedimiento de ir a sacar las conchas del fondo del río por sucesivas inmersiones es muy penoso a causa de la notable profundidad del cauce y de la corriente que no es pequeña. Ayudándose de un fuerte impulso tiene que nadar cabeza abajo manteniéndose contra la presión hidrostática y aprovechando los quince o veinte segundos que puede aguantar bajo el agua para andar a tientas en busca de caza. La vista le sirve de muy poco, pues el agua siempre algo turbia en estas profundidades de 5 y 7 metros, deja pasar escasa luz y además el considerable depósito de caliza que cubre el lecho del río, dificulta la caza. Como aquel día el agua estaba muy turbia a causa de que había comenzado a crecer el río, el botín no fué grande, el pescador tuvo en ocasiones que echarse al agua siete y ocho veces antes de encontrar una concha. Pero al cabo de seis horas yo era feliz poseedor de trece margaritanas vivas que pude preparar y guardar en alcohol con destino a investigaciones anatómicas.

Como las náyades suelen cerrar sus valvas tan fuertemente que las partes blandas se empapan sólo muy difícilmente del líquido conservador, acostumbro, antes de meterlas en el alcohol o en el líquido correspondiente, a colocar entre ambas una pequeña cuña de madera, para impedir el cierre hermético. Pero nunca había tenido que emplear tanta fuerza para introducir mis cuñas, como en esta ocasión, con las margaritanas, cuyas valvas, aun con mucha fuerza, apenas pueden entreabrirse.

Un examen superficial de las conchas capturadas me demostró que ninguna de ellas estaba fecundada, por lo cual nada puedo decir sobre el marsupio y el gloquidio. A juzgar por lo que sabemos de otras especies de margaritanas mejor conocidas, hay que suponer que la reproducción de la *Margaritana auricularia* se efectúa también durante el verano, en los meses de Junio a Agosto. Si las circunstancias me lo permiten, me propongo reanudar el año próximo mis investigaciones en Sástago, para completar el estudio de nuestra concha. Queda por conocer lo referente al *período de reproducción, marsupio, gloquidio, el pez en el que efectúa su transformación y la forma juvenil que de ésta proviene.* Es natural que no pueda desarrollarse un programa tan extenso en un solo verano sin concurrir circunstancias muy favorables, puesto que, por ejemplo, encontrar las pequeñas formas juveniles es cuestión de suerte. Por esto me dirijo a todos mis consocios rogándoles que me ayuden en estas investigaciones, puesto que cada coleccionista puede tropezar en sus excursiones con algunos de estos estados juveniles tan deseados como mal conocidos. Quienes tengan esta suerte no necesitan sino enviarme el preciado botín en una cajita como muestra sin valor, a mi dirección, a Flix, por lo que les quedaré muy agradecido y deben considerar que al hacerlo no solo a mí sino a nuestra ciencia prestan este inapreciable servicio.

Flix (Tarragona), Diciembre de 1915.

Fig. I.

Margaritana auricularia joven.
En la parte superior derecha se ve la escultura
ondulada.

Fig. II

Paisaje del Ebro cerca de Sástago, en donde encontré la *Margaritana*
auricularia.

POR EL R. P. JAIME PUJIULA, S. J.

8. La provocación de raíces adherentes de "Hedera helix,, L. ¿es efecto del heliotropismo o tigmotropismo?

1. La presente comunicación forma parte integrante de una serie de trabajos en parte publicados y en parte en proyecto, sobre los fenómenos de *irritabilidad vegetal;* y versa sobre los agentes o estímulos que provocan la formación de raíces *adventicias* o de adherencia en la *hiedra* La propiedad o facultad de producir esos órganos de adherencia pertenece a la índole o naturaleza misma de la planta, y se substrae totalmente a los métodos de la investigación positiva, como en general sucede con todas las manifestaciones vitales, cuya causa íntima desconoce la ciencia positiva, según confiesan biólogos tan eminentes como O. Hertwig. Pero si la ciencia positiva encuentra la puerta cerrada para penetrar en la última causa de los fenómenos que nos encantan, puede no obstante, estudiar, determinar y fijar con Hertwig y demás biólogos, multitud de concausas o agentes determinantes que entran en juego en su realización y que son otras tantas condiciones de su existencia.

2. Como quiera que no tenemos presente haber hallado datos precisos sobre los agentes determinantes de la aparición de raíces de *adherencia* respecto de la planta objeto de esta comunicación, ni aun en la obra del fisiólogo alemán Pfeffer (1), donde suelen encontrar eco los trabajos de verdadera importancia científica sobre los fenómenos que estudiamos; pode-

---

(1) W Pfeffer: Pflanzenphysiologie t II, p. 418 (1904).

mos suponer que no está este punto bien investigado y quizás se deduzca esto de lo que dice el mismo Pfeffer. cuando, después de haber tratado de que en la *Cuscuta* el contacto, estímulo del *tigmotropismo*, con la planta huésped (la *Cuscuta* es planta parásita) provoca la aparición de *haustorios*, añade que no está investigado si el geotropismo influye asimismo en otras plantas para producir en ellas un estado en virtud del cual reaccionen también tigmotrópica- mente (1). En todo caso queremos dar a conocer nuestro experimento respecto de nuestra *hiedra* y sus resultados, sea que venga a confirmar datos y apreciaciones de otros (lo cual es tanto más necesario en Biología cuanto que ella como ciencia positiva es esencialmente inductiva), sea que aporten nuevos conocimientos y orientaciones.

3. La hiedra (*Hedera helix* L.) es, como todo el mundo sabe, planta trepadora. Para subir y empi- narse, arrimada a una pared, echa raíces *adventi- cias*, las, cuales por no tener otra función, como suponemos, que la de fijar al substrato la planta, se llaman raíces u órganos de *adherencia*. Estas raíces no son geotrópicas (barolépticas), ni es el geotropismo el que provoca su aparición, como es también sabido (2); y cuando no lo fuese, lo demostrarían palmaria- mente los experimentos que hemos hecho, aunque con otro objetivo. De esta falta de geotropismo de dichas raíces, en unión de la carencia absoluta de granos típicos de fécula, que nosotros hemos también comprobado, sacan ciertos fisiólogos un argumento, nada despreciable, en favor de la teoría de los estato- litos vegetales (3).

4. Supuesto, pues, que no es la gravedad el de- terminante de la producción de raíces de *adherencia* en nuestra planta y que el fenómeno de su aparición

(1) W. Pfeffer: Pflanzenphysiologie t. II, p. 418, (1904).
(2) G. Haberlandt Physiologische Pflanzenanatomie p 529. (1904).
(3) De esta teoría nos ocupamos largamente en nuestro trabajo pre- sentado al Congreso de Madrid (t. V. 1913) y nos hemos vuelto a ocupar recientemente en otro trabajo que esperamos verá pronto la luz pú- blica, donde nos inclinamos a conceder a la teoría mucho más de lo que hacíamos en el de Madrid.

no pertenece al *geotropismo*, se puede inquirir si es éste por ventura un caso de *tigmotropismo (haptotropismo)* o de *heliotropismo (fototropismo)*, siendo el estímulo físico (determinante) el contacto con cuerpos duros o la luz respectivamente; pues *a priori* parece que deben de intervenir estos dos factores, dado que las raíces de referencia aparecen en la cara opuesta a la luz y vuelta al substrato, por donde la planta trepa. A dilucidar la intervención de las propiedades tigmotrópicas y fototrópicas en el fenómeno, se encaminaron nuestros ensayos, los cuales han demostrado, hasta la evidencia a nuestro juicio, que desde luego no es el contacto el determinante o el estímulo provocador de la aparición de las raíces de *adherencia* en la *hiedra*.

5.   En efecto; si fuese el contacto y no la luz el agente determinante, debíamos esperar que se producirian las raíces de *adherencia* en el caso de que, sin quitar el contacto del vástago de experimentación con un cuerpo duro, cambiásemos las condiciones de la luz, haciendo que ésta bañase no la parte dorsal del vástago, como sucede normalmente, sino la ventral o, en otros términos, recibiéndose al revés. A este fin se colocó un vástago joven en pleno crecimiento tendido sobre una mesa de cristal (vidrio), sostenida por cuatro pies, y de suerte que entrase por debajo la luz, bañando la parte ventral. Se cubrió luego el vástago y toda la superficie de la mesa parte con un recio ladrillo que no tocase, no obstante, la planta, y parte con papel negro. Quedaba, pues, la planta (vástago) encerrada en una especie de cámara, recibiendo la luz por el suelo o parte inferior. La tabla o mesa de cristal estaba dispuesta de modo que por los lados dejase libre la circulación del aire atmosférico por el interior de la cámara: todo con el fin de que, a ser posible, sólo variase el agente que sospechábamos podía intervenir o ser el determinante del fenómeno que nos habíamos propuesto indagar: la luz. El vástago fué creciendo y produjo raíces de *adherencia;* pero éstas no ocupaban la parte, física-

mente inferior, sino que, por haber dado el tallo un cuarto de vuelta alrededor de su eje longitudinal, caían a un lado, en el espacio entre el cristal y el ladrillo que cubría el vástago, y se inclinaban hacia arriba, como si fuesen en busca del ladrillo. Este resultado es muy instructivo. Ante todo nos dice que no debió ser el *contacto* con el cristal el provocador de las raíces de *adherencia*, toda vez que éstas, lo mismo que el punto o flanco de donde nacían, se desviaban de él; y no es de creer que, si el *contacto* las hubiese provocado, hubiesen dejado de desarrollarse sobre el cristàl. Tampoco pudo ser el *contacto* con el ladrillo que no pudo tener efecto, ya que el vástago no había dado aún media vuelta: lo cual era absolutamente necesario, para que la región donde aparecieron las raíces. pudiera ponerse en contacto con aquél. Además, ei hecho de haber huido de la luz la región ventral, desviándose hacia el lado (por la rotación del tallo) en busca de la obscuridad, arguye un *heliotropismo negativo* muy marcado de esta región; y como quiera que de ella nacen las raíces de *adherencia*, fundamenta la probable influencia del *heliotropismo negativo* en su producción. En tercer lugar, si no es ilusorio lo que acabamos de decir por la influencia del *heliotropismo*, la experiencia parece demostrar que el tallo de la hiedra es un órgano de simetría *dorsiventral*, por lo menos fisiológicamente, aunque morfológica o anatómicamente quizás no lo parezca. La razón es obvia; porque si fuese de simetría *radial*, no se ve por qué había de girar el tallo alrededor de su eje longitudinal, dando un cuarto de vuelta, puesto caso que, en la hipótesis de simetría *radial*, en cualquiera dirección se podrían producir las raíces de *adherencia*, con tal de mirar hacia la parte opuesta a la luz. Y, sin embargo, hubo de ser aquí la parte físicamente ventral la que se desviase hacia la obscuridad y produjese las raíces. Esto nos dice que la parte físicamente ventral, lo es también fisiológicamente.

(Continuará).

CRÓNICA CIENTÍFICA

DICIEMBRE-ENERO

ESPAÑA

MADRID.—El Excmo. Sr. Marqués de Cerralbo ha sido elegido Socio Correspondiente de la Academia Pontificia Romana de los Nuevos Linceos. Con él son siete los correspondientes españoles de esta Academia entre los 40 de varias naciones.

ZARAGOZA.—El 22 de Enero pasa a mejor vida Don Ricardo J. Górriz, Presidente que fué de nuestra Sociedad y actual Vicepresidente de la misma, y el 28 D. Manuel Díaz de Arcaya, Profesor de Historia Natural en el Instituto y Director, también ex-Presidente de nuestra Sociedad.

EXTRANJERO

EUROPA

BRUSELAS.—El 10 de Octubre de 1915 falleció a la edad de unos 70 años D. Carlos Kerremans, Presidente de la Sociedad entomológica de Bélgica. Militar de profesión desde su juventud se había dedicado al estudio de los insectos y había reunido una bella colección de Coleópteros de Bélgica. Más tarde se especializó en el estudio de los Bupréstidos, cuya monografía emprendió y de la cual tenía publicados 6 tomos y 8 entregas del séptimo, ilustrados con magníficas láminas de color. Esta obra es considerada como clásica. La familia de los Bupréstidos, una de las más bellas de los Coleópteros, cuenta más de 10.000 especies conocidas, no pocas descritas por Kerremans, quien probablemente poseía la mejor colección del mundo.

— El Sr. Lameere, profesor en la Universidad libre de Bruselas ha sido nombrado socio honorario de la Sociedad entomológica de Rusia en substitución del zar de Bulgaria, excluído de dicha Sociedad.

CANNES.—El ornitólogo D. Enrique Eeles Dresser fallece el 28 de Noviembre de un ataque al corazón, a la edad de 77 años. Su obra principal es la Historia de las Aves de Europa, 1871-81 en ocho tomos en 4.° con un volumen suplementario en 1895-96. Escribió además algunas monografías, de los Merópidos, 1884-86, de los Corácidos, 1893, y en 1910 Los Huevos de las Aves de Europa en dos volúmenes. Su rica colección de pieles y huevos de aves paleárticas está ahora en el Museo de Manchester.

CHAUPROND (Sarthe, Francia).—En las praderas de Bienierses el Sr. Renaudet encontró a fines de Julio un ejemplar del hongo *Bovista gigantea* que pesaba 4 k. 200 y tenía un diámetro medio de 1'05 m.

FRANCIA.—En la revista Le Monde des Plantes se ha publicado la lista de los botánicos franceses.

FRANKFORT A. MEIN —El 13 de Septiembre de 1915 falleció a la edad de 78 años el conocido coleopterólogo Dr. D. Lucas von Heyden. Era uno de los entomólogos más productores de Alemania, puesto que el número de sus trabajos publicados, entre ellos algunos muy notables, pasa de 200. Era además uno de los autores del *Catalogus Coleopterorum* Heyden, Reitter y Weise. El año 1870 emprendió, en compañía de los entomólogos franceses Piochard, Baulny, Raffray y E. Simon un viaje por España y Portugal. Fruto de este viaje fue su libro *Reise nach dem Südlichen Spanien*, en el que se describen 167 especies nuevas entre Coleópteros y Dípteros.

GINEBRA.—Con gran solemnidad y esplendor celebróse los días 12-15 de Septiembre el centenario de la Sociedad Helvética de Ciencias Naturales. Entre otros actos fueron muy solemnes el de colocar una corona de laurel en el monumento de Enrique Alberto Gosse, ilustre farmacéutico de Ginebra, uno de los fundadores de esta Sociedad, y el de inaugurar un monumento en honor del naturalista suizo Forel en Morgues Ambos monumentos están fabricados de un bloque errático y presentan la cabeza del naturalista cincelada en forma de medallón.

Por causa de las actuales circunstancias no se invitó a los actos a Sociedades extranjeras. Asistió el Presidente de la Confederación, quien pronunció una elocuente alocución a la Sociedad después del banquete que se tuvo en el Parque de Aguas Vivas, actualmente propiedad del municipio de Ginebra.

Numerosísimas fueron las comunicaciones que se presentaron en las ocho secciones en que se dividía la asamblea. Sólo mencionaremos algunas de las que se refieren a Ciencias Naturales.

3. *Geología y Geofísica* Paleografía mesozoica de Suiza, L Rollier. La acción del vapor en las rocas eruptivas a elevada temperatura, A. Brun. Cambios del límite de las nieves perpetuas en Saboya y en los Alpes en los tiempos históricos, P. Girardin.

5. *Botánica.* Distribución de los radios medulares en las Coníferas, J. Jaccard. Algunas especies nuevas de Malváceas, Hochreutiner. Distribución de los cromatóforos en las algas marinas, G. Seun.

6. *Zoología.* Nota preliminar sobre la osteología de los Quirópteros fósiles en los estratos terciarios, P. Revilliod. Los moluscos de nuestros lagos alpinos, O. E. Imhopf.

7. *Entomología.* Historia de una sociedad experimental de hormigas amazonas, E. Emery. Revisión de las especies paleárticas del género Hesperia, J. L. Reverdin. Censo de los Plecópteros suizos desde F. J. Pictet en 1841 hasta nuestros días, F. Ris. Utilidad de los insectos que comen otros insectos, C. Ferrière.

8. *Antropología y Etnografía.* Influencia del ejercicio físico en el crecimiento, E. Matthias. Estudio de un centenar de fémures ginebrinos, H. Lagotala.

Leipzig.--El librero Weigel ha repartido la Lista 44. de Fanerógamas, que contiene 174 obras de lance.

Londres.—La colección de gemas formada por Sir Arturo H. Church ha sido donada por su viuda al Museo en cumplimiento de la voluntad del finado y figura en la galería de Mineralogía de dicho Museo Contiene unas 200 gemas talladas y escogidas, muchas de ellas montadas en anillos de oro. Las piedras pertenecen a 21 especies minerales, por lo que la mayor parte de las piedras usadas en joyería, a excepción del diamante, se encuentran representadas en esta colección. Tiene además especial interés por presentar rica serie de colores que puede ofrecer la misma piedra. Por ejemplo del circón, al cual dedicó especial atención Sir Arturo Church, hay 63 ejemplares, desde el incoloro hasta los diferentes matices de rojo, pardo, amarillo, verde y azul celeste.

Asimismo series copiosas de turmalina, granate (incluso un bello ejemplar de espartita, raro granate de manganeso), espinela, ópalo, corindón, crisoberilo y peridoto. Hay ejemplares de las más raras especies, fenaquita, andalucita y enstatita.

OPORTO.—Los médicos católicos portugueses reuniéronse el 24 de Octubre fiesta de San Rafael su patrono, para constituir una sociedad nueva y sin precedente en aquel país. Comenzóse la sesión bajo la presidencia del Excmo. y Rdmo. Sr. Arzobispo de Oporto. Discutiéronse varios asuntos y formóse el Directorio siguiente: Dr. Tomás de Mello Breyner, Dr. Manuel Ferreira Cardoso, Dr. Carmossa Saldanha, Dr. Bentes Castel-Brano y Dr. Eurico Lisboa.

OXFORD.—El difunto profesor Meldola legó su colección entomológica y museo al Museo Hope, de la Universidad.

PARÍS.—En los Anales de la Sociedad Entomológica de Francia leemos un prolijo y laboriosísimo trabajo firmado por J. de Joannis, titulado Estudio sinonímico de los Microlepidópteros de Duponchel. Desembrolla la sinonimia en que habían caído las especies del naturalista francés, y de las 344 descritas por el mismo como nuevas conserva 131, hace pasar 15 a la categoría de variedades, otras 185 traslada a la sinonimia y da 13 como dudosas.

— Tras larga enfermedad fallece D. C. R. Zeiller, profesor de Paleobotánica en la Escuela Nacional de Minas, dedicado durante 40 años a investigaciones de Paleobotánica. Sus primeras publicaciones se refieren a las plantas del Carbonífero, ilustrando la flora de Valenciennes, Commentry, Autun, Brive, etc. Sus dos volúmenes sobre la flora Rética del Tonquín publicados en 1903 son la más importante de sus contribuciones al estudio de la fase más antigua de la era Mesozoica. Escribió asimismo sobre las floras del Permocarbónico del África del Sur, Brasil, India, etc.

— El 23 de Junio baja a la tumba el entomólogo D. Enrique d' Orbigny. Se había especializado en el estudio de los Ontofágidos y sobre este grupo de insectos publicó trabajos muy apreciables, entre los cuales se puede citar Sinopsis de los Ontofágidos paleárticos, en 1898 y Memoria de los Ontofágidos de Africa (324 págs.) que apareció en los Anales de la Sociedad Entomológica de Francia.

— La Academia de Ciencias repartió los siguientes premios de 1915, por lo que toca a Ciencias Naturales.

Mineralogía y Geología. Premio Delesse a Don Alberto de Romeu por sus investigaciones petrográficas y una subvención a D. A. Laville por sus estudios sobre vertebrados fósiles. Premio José Labbé a D. Renato Tronquoy, por sus estudios en los minerales de estaño. Premio Víctor Raulín a D. Luis Doncieux por sus investigaciones paleontológicas.

Botánica. Premio Desmazieres a D. Juan B.ª de Toni por sus contribuciones a la flora algológica del Mediterráneo. Premio Montagne a D. Fernando Camus. Premio Coincy a D. Pedro Choux. Premio Thore a D. Isidro Doin. Premio Rufz de Lavisón a D. Pablo Becquerell por sus investigaciones sobre la vida de las semillas.

Anatomía y Zoología. Premio Savigny a Don Pedro Fauvel por sus estudios sobre los anélidos obtenidos en los viajes de Hirondelle y Princesse Alice.

Premios generales Premio Gegner de 3.800 francos a D. G. Cesaro por su obra de Cristalografía descriptiva.

Además de la *renta Bonaparte* se han distribuído con otras las siguientes sumas: 3.000 francos a Don Augusto Lameere, profesor en la Universidad libre de Bruselas, para permitirle continuar sus investigaciones en la Estación biológica de Roscoff; 3.000 francos a D. Francisco de Zeltner para contribuir a los gastos de una expedición al Sahara sudanés; 2.500 francos a D. Leonardo Bordas para ayudarle a proseguir sus investigaciones sobre los insectos que atacan a los árboles y bosques, etc.

SOFIA.—El zar Fernando de Cobourg miembro de la Sociedad entomológica de Francia fue borrado de las listas de la Sociedad en la sesión del 13 de Octubre de 1915 a propuesta del Presidente Sr. Rabaud, cuyas son estas palabras: «Nous ne pouvons conserver

comme collègue un homme qui a si manifestement
bafoué les règles les plus élémentaires de l' honneur.
Parfaitement renseignés à son sujet et absolument
sûrs de ne point frapper à faux, nous vous proposons
de le rayer des contrôles de la Société entomologique
de France.» La propuesta fue votada por unanimidad.

Uzès (Gard, Francia).—En la revista «Miscellanea
Entomologica» de Noviembre el Sr. Des Gozis
comienza a publicar cuadros sinópticos para la determinación de los Girínidos (Col.) de la fauna franco-
renana. Están ilustrados con figuras.

— En la misma revista el Sr. Bleuse da una receta
útil para pegar los microcoleópteros en las cartuli-
nas; tiene la gran ventaja de que no cambia el color
al envejecer, ni se enmohece. En un frasco dilúyase
con la cantidad de agua suficiente para obtener una
goma espesa:

3 partes de goma arábiga blanca.

1 parte de azúcar blanco.

Cuando la mezcla está a punto añádanse unas
gotas de aldehido fórmico (formol) según la cantidad
de goma obtenida. El aldehido fórmico se encuentra
en todas las farmacias.

ÁFRICA

Cabo.—Stebbing publica en los Anales del Museo
sudafricano la parte 8.ª de sus Crustáceos sudafrica-
nos, enumerando 22 especies de Crustáceos Decá-
podos Macruros, la mitad de los cuales son nuevos.
Es curioso el nombre de un nuevo género formado
por la sucesiva adición de palabras. En la familia de
los Hipolítidos Risso colocó el género *Lysmata*,
Stimpson formó el *Hippolysmata* y ahora Stebbing
introduce el *Exhippolismata*.

AMÉRICA

América central.—Se ha publicado en Londres
el primero y último de los 63 volúmenes que componen la obra monumental *Biologia Centrali-Ameri-
cana*. Esta obra, editada a expensas de los señores
F. D. Godman y O. Salvin contiene el estudio de la
Zoología, Botánica y Arqueología de Centro América.

En ella se describen 181 mamíferos, más de 1 400 especies de aves, de las cuales la mitad próximamente son endémicas, unas 700 de reptiles y batracios. Los Coleópteros son en número de 18 000 especies Otros órdenes de insectos son menos numerosos y no todos se han descrito en esta obra. Las colecciones que han servido para este estudio han ido a parar sucesivamente al Museo de Londres, donde se instalaron las aves en 1885 en número de 50.120 ejemplares. Entre los insectos neotrópicos figuraban hasta 1906 los siguientes: Lepidópteros Ropalóceros 17.829, Lepidópteros Heteróceros 12.883, Dipteros 17 525, Himenópteros 10.004, Hemípteros Heterópteros 5.543 Después se han ido añadiendo otros: Odonatos 3.000, Hemípteros Homópteros 5.509, etc. Actualmente la colección de Lepidópteros probablemente asciende a 100.000 y la de Coleópteros de Méjico y de la América central tal vez sea doble de este número.

En el último volumen de esta publicación Lord Walshingham, en colaboración de D. J. Hartley Durrant y D. Augusto Busck estudia los microlepidópteros de aquella región que hasta ahora se conocen. Enumera 27 familias, dos de ellas descritas como nuevas, 225 géneros, de ellos 54 nuevos y 1.025 especies, 586 nuevas.

AMÉRICA MERIDIONAL.—Para hacer estudios especiales sobre las Cactáceas el Dr. J. N. Rose, del Museo Nacional de Estados Unidos y D Pablo G. Russell han hecho una larga excursión por el Brasil y la Argentina, logrando abundante colección de dichas plantas en las regiones desiertas de la América meridional. La excursión se hizo para completar los estudios sobre las Cactáceas de la América del Norte que el Dr. Rose está realizando por cuenta de la Institución Carnegie de Washington. Buen número de plantas vivas fueron enviadas a Estados Unidos y se expusieron en el Jardín Botánico de Nueva York

INDIANA (Estados Unidos). — Fallece el Doctor E L Greene, jefe del departamento de Botánica de de la Universidad de Nuestra Señora. De 1885 a 1895 fue Profesor de Botánica en la Universidad de California y de 1895 a 1904 en la Universidad Católica de América. También estaba relacionado con la Institución Esmitsoniana. Era autor de varias monografías y de la flora del distrito de San Francisco y fué Presidente del Congreso de Botánica celebrado en tiempo de la Exposición de Chicago en 1893.

Río JANEIRO — Fallece el Dr. Orville A. Derby. Su obra Geología y Geografía física del Brasil fué publicada en 1870. En 1906 pasó a Río Janeiro como Director de la Comisión Geológica y Mineralógica del Brasil recientemente instituída. Publicó notables trabajos sobre la geología del Brasil

URBANA (E. U.).—Por la Comisión Geológica del Estado de Illinois se ha publicado un trabajo monográfico de los Braquiópodos de la cuenca del Misisipi. Su autor es el Sr. Weller, Profesor de la Universidad de Chicago. El tomo de texto contiene 508 páginas, con grabados intercalados y el Atlas 83 láminas con numerosísimas figuras. Como obra monográfica y en la que se publican gran número de especies nuevas ha de ser de gran interés a los paleontólogos del mundo entero.

WASHINGTON.—La monografía de los Crinoides actuales se ha comenzado a publicar en los boletines de la Institución Esmitsoniana. El boletín núm 82 contiene la primera parte de los Comatúlidos, con 406 páginas de texto en 4° mayor y 602 figuras, muchas de ellas intercaladas en el texto, otras en bellas láminas. Su autor D. Agustín Hobart Clark, del Museo Nacional de Estados Unidos.

OCEANÍA

AUSTRALIA.—Varios centenares de especies nuevas de Calcídidos australianos han sido descritas por D. A. A. Girault en las Memorias del Museo de Queensland. En poquísimos casos puede averiguarse el huésped de estos Himenópteros parásitos. Hasta ahora se conocían más de 4.000 especies de esta familia, la cual se presta, dice Girault, a consideraciones filosóficas de más elevado orden.

L. N.

Tip. F. Gambón, Canfranc, 3 y Valencia, 2.--Zaragoza.

Tomo XV   Marzo 1916   Núm. 3

BOLETÍN

DE LA

SOCIEDAD ARAGONESA DE CIENCIAS NATURALES

SECCIÓN OFICIAL

SESIÓN DEL 2 DE FEBRERO DE 1916

Presidencia de D. Pedro Ferrando

Con asistencia de los socios Sres. Azara, Escudero, Gómez Redó, P. Navás, Pueyo, Romeo y Vargas, comienza la sesión a las quince.

Correspondencia.—Se .hace constar en Acta el sentimiento producido entre los socios de la Aragonesa por la muerte de sus dos beneméritos expresidentes:

Don Ricardo J. Górriz.

» Manuel Díaz de Arcaya,
acordándose celebrar sufragios por su eterno descanso en la forma acostumbrada.

En atención a los relevantes méritos de nuestro Presidente D. Juan Cadevall, autor de la valiosa obra Flora de Cataluña, se acuerda concederle la medalla de la Sociedad.

Se acuerda conste en Acta la satisfacción que ha producido entre sus consocios de la Sociedad Aragonesa de Ciencias Naturales, el nombramiento de Académico Pontificio Romano de los Nuevos Linceos, recaído en la personalidad ilustre del Marqués de Cerralbo.

Nuevo Cambio.—Se concede con las publicaciones de la Sección de Ciencias, del Institut d' estudis catalans de Barcelona.

Nuevo Socio.—Es admitido el Hno. José Esteban de las Escuelas Cristianas presentado por el Hermano Elías.

Comunicaciones.—Se presentan:

Notas sobre la Flora matritense, N.º II. por D. Carlos Pau.

Nota sobre *Lathyrus Aphaca* L. por D. Manuel Nasarre.

Plantas de los alrededores de Igualada recogidas por D. Ramón Queralt y clasificadas por el Hermano Sennen.

El P. Navás dice lo siguiente:

En una breve excursión verificada a Huesca recogí gran número de zoocecidias de las hojas de *Quercus lusitanica*. Enviadas al R. P. Joaquín de Silva Tavares contestó que pertenecían a las tres especies siguientes:

Neuroterus quercus-baccarum var. *histrio* Kieffer.

Andricus ostreus Hartig.

Diplolepis quercus Fourcr. (generatio agamica).

Son todas dignas de mencionarse y especialmente la primera que podrá servir para aclarar las dudas sobre la variedad establecida por Kieffer a la vista de ejemplares españoles.

Y leída por el P. Navás la Crónica científica se levantó la sesión a las dieciséis.

COMUNICACIONES

NOTAS BICLÓGICAS

POR EL R. P. JAIME PUJIULA, S. J.

8. La provocación de raíces adherentes de "Hedera helix„ L. ¿es efecto del heliotropismo o tigmotropismo?

(Conclusión).

6. Pero, para cerciorarnos mejor de que no el *tigmotropismo* sino el *heliotropismo* es aquí al menos factor interesado en la producción de raíces de *adherencia*, dispusimos un nuevo experimento, en el cual el vástago de experimentación quedaba colgando dentro de una caja y debajo del cristal y casi en contacto con él por el dorso. Después de algunos días y cuando el vástago había recorrido en el curso de su crecimiento longitudinal todo lo largo de la caja hasta faltarle espacio para continuar creciendo, fué examinado; y el resultado fué la aparición de raíces de *adherencia* en un punto de la parte inferior o ventral: aparición que evidentemente no pudo ser provocada por el contacto de algún cuerpo, ya que, como queda dicho, estaba el vástago colgando, sino que debe atribuirse al *heliotropismo negativo*.

7. Las raíces de *adherencia*, en el experimento anterior, sólo se produjeron en un punto de la región ventral, como queda dicho; pero hé aquí que a los dos días de haber abandonado el vástago a las condiciones de vida normales u ordinarias, nos dimos cuenta que rompían también raíces adventicias en la parte lateral superior, con no poca extrañeza nuestra: y con razón. Porque los resultados del *heliotropis-*

mo del primer ensayo (n. 5) hablan decididamente en favor de la simetría *dorsiventral* del tallo, como vimos; y, con todo, la aparición de raíces adventicias laterales del segundo ensayo hacen poco menos que ilusoria esa *dorsiventralidad* Confesamos no ver de momento una explicación satisfactoria de estos dos hechos, al parecer contradictorios. Más abajo volveremos a tratar de este punto. Ahora sólo queremos hacer constar que el hecho no destruye en nada, antes confirma, el resultado antes obtenido respecto del objeto principal de estas investigaciones, que es determinar el factor o factores, interesados en la provocación de raíces de adherencia, habiendo resultado ser la luz (respectivamente su carencia) y no el contacto con cuerpos duros; porque tampoco el lado que iniciaba raíces de *adherencia* había estado en contacto con algún cuerpo duro. Esto por un lado; por otro, el punto o región que aquí nos interesa, caía en la obscuridad, como lo atestiguaron una o dos hojas, antecedentes al entrenudo iniciador de las raíces, las cuales (hojas) se dirigían, por efecto del *heliotropismo positivo* hacia atrás (esto es, hacia la base del vástago), por donde una hendidura, dejada adrede, permitía la entrada de una poca de luz. Si, pues, estas hojas no tenían suficiente luz, inclinándose hacia atrás en busca de ella, cuánto menos la tendría el lado productor de las raíces, colocado acropetalmente por delante de dichas hojas o sea, más lejos del resquicio?

8.   Bajo otro concepto llama también la atención esa aparición de raíces, observadas a los dos días después del experimento. Porque prueba en realidad que el efecto de un estímulo puede manifestarse mucho después de haber actuado y cesado de actuar: es, podríamos decir, una reacción o efecto póstumo; reacción o efecto que los alemanes llaman *Nachwirkung*. Nosotros nos dimos cuenta del fenómeno a los dos días; pero no podemos fijar cuándo apuntaron sus primeros síntomas.

9.   Para dejar fuera de duda que no es un fenó-

meno tigmotrópico sino *heliotrópico negativo* la formación de raíces de *adherencia* en la hiedra, podemos invocar también la misma observación directa de la planta, sin necesidad de acudir al experimento. Y, es así que, como hemos podido ver, en vástagos que flotan en el aire sobre una pared sin tocarla, aparecen raíces de *adherencia* en la cara que mira al suelo, opuesta, por tanto, a la luz. Por el contrario (y este es quizás el argumento de mayor valía para probar la influencia del *heliotropismo negativo*), un vástago que se erguía por encima de una columna de nuestro jardín biológico, ofreciendo al oriente su cara ventral y al occidente la dorsal, no produjo raíces de *adherencia*. La razón creemos que no puede ser otra que la de hallarse el vástago en tales condiciones que, bañado de luz por todas partes, no gozaba de la diferencia de luz y sombra, necesaria para producir el fenómeno que nos ocupa.

10   Hemos dicho más arriba que volveríamos a tratar del fenómeno de las raíces de *adherencia laterales*, descrito en el párrafo 7. Queremos sencillamente poner de relieve que en general hay que tener presente que los fenómenos fisiológicos vitales revisten en su nexo causal mayor complejidad de lo que nosotros, quizá puerilmente, nos imaginamos; y lo que atribuímos a un factor, es muchas veces efecto de toda una larga serie de factores, admirablemente encadenados; y la falta o el exceso de uno de ellos puede encarrilar el efecto final por otras vías que no esperamos. Ahora bien; aunque hemos concedido al *heliotropismo negativo* una importancia excepcional en orden a provocar la aparición de raíces de *adherencia* en oposición al *tigmotropismo*, estamos, con todo, muy lejos de creer que sea él el único factor que interviene. Otros agentes estarán interesados en el fenómeno. Nosotros sospechamos desde luego si tomaba parte en la producción del fenómeno la humedad y por consiguiente si era ésta efecto también del *higrotropismo*; y aun practicamos algún ensayo para averiguarlo. Pero llenos de

trabajo acarreado por las circunstancias, no nos fué
posible seguir los experimentos con aquel cuidado y
precisión que se requiere, para sacar de ellos conclu-
siones satisfactorias. Confiamos poder más tarde continuar estos estudios.

Laboratorio biológico del Ebro, 31 de Diciembre de 1915.

NOTAS SUELTAS SOBRE LA FLORA MATRITENSE

por D. Carlos Pau

II

Arenaria modesta Duf.—Aranjuez: Isern 1 de Abril sub "Arenaria tenuifolia". Cutanda no la incluye en su Flora matritense: Vayreda confirmó este descubrimiento. No he visto la planta de Vayreda, pero, sí la de Isern.

Poa ligulata Boiss.—Aranjuez. Willkomm dudaba de esta localidad, dada por Lange: existe realmente, aunque rara en un reguero junto a las fábricas de yeso en compañía de la *Jurinea humilis* DC. escaposa y acaule. La creo muy expuesta a desaparecer.

Alsine recurva Vhlemb. f.ª **bigerrensis.**— Folia rectiuscula et glabra.

No solamente en Peñalara (Vicioso y Beltrán), sino en las Sierras de Béjar y Urbión.

Festuca Salzmanni Cutanda fl. matr. p. 741 (1861)=*Nardurus Salzmanni* Boiss. voy. bot. (1845).

Los autores que no admiten el género *Nardurus* atribuyen esta traslación genérica a K Richter, *pl. europ.* I, p. 110 (1890), desconociendo la obra de Cutanda, en muchos años anterior a la de Carlos Richter.

Helianthemum sanguineum Lag. gen. et. sp. (1816)—*Cistus sanguineus* Lag. variedades IV, p. 40 (1805).=*Helianthenum retrofactum* Pers. synopsis II, 78 (1807)

Willkomm. *prodr. fl. Hisp.* III, 726, antepone la creación de Persoon y tampoco trae la sinonimia de Lagasca del *Cistus*, habiendo sido publicada la especie lagascana dos años antes que la de Persoon, en las *variedades de Ciencias, Literatura y Artes.* Mísera es nuestra bibliografía botánica; pero, voy observando, que todavía la reducimos más y más, lo mismo los naturales que los extranjeros (1).

En esta misma revista encuentro, propuestas por Lagasca, las siguientes especies, de las cuales se puede decir alguna cosilla:

Aira capillaris p. 39.=*Antinoria? capillaris.*

A. subtriflora Lag. p. 11.=*Deschamsia media* R. et. Sch. secundun Wk. *prodr. fl* hisp. I, p. 66: que, dice lo que sigue: "Huc pertinet etiam *Aira subtiflora* Lag., quæ nihil est nisi status *D. mediæ* morbosus" Es imposible tal asimilación, si merece fe la descripción Lagascana.

Lagasca dió a su especie "corollis .. infra medium aristatis" y la *Deschampsia media* traen las aristas insertadas en el medio de las glumillas ó por encima de su mitad logitudinal: a no ser que Lagasca errara en su descripción... Si bien es verdad, que Willkomm no indica la situación de las aristas ni en la *media* ni en la *cœspitosa*. Los restantes caracteres dados por Lagasca encajan perfectamente en la *media*.

Scabiosa diandra.—Willkomm la considera variedad de una especie oriental. Es una buena especie occidental.

Stachys valentina. Para los autores fué un sinónimo de la *St. Heraclea* All: es una variedad diferente por las hojas inferiores más angostas.

Lithospermum diffusum. Fué postergado por el posterior *L. prostratum* Lois.; si bien, hoy día los autores extranjeros admiten el de Lagasca.

Campanula arvatica La afirmación de conocer la especie de Lagasca por Willkomm y su sinónimo *Wahlembergia hederacea* Rchb., dieron pie a que los viajeros Leresche y Levier crearan una especie nueva, con la misma planta Lagascana.

Pyretrum pulverulentum.—Le dió como sinónimo *Chrysanthemum pallidum* de Lagasca,

(1) Boissier, en su *voyage bot.* p. 64, dijo: "Le nom de Persoon doit être préféré comme plus ancien".—Ya se ha visto que la denominación de Lagasca data del año 1805, cuando la de Persoon corresponde al 1817.

cuando fué equivocación de imprenta este sinónimo
de Barrelier, según puede verse en la página sin número, pero que corresponde a la 128 de este mismo
tomo de *Variedades*, en donde se lee. "Es un
sinónimo del *Pyrethrum pulverulentum*".—Esta
de Lagasca corresponde al *Chrysanthemum pallidum* de Miller: y su localidad clásica es Madrid.

En la página 212, Lagasca presentó otra nota de
once especies nuevas; entre ellas merece alguna consideración la postergada *Silene glaucifolia*.

Silene glaucifolia Lag. variedades, IV. p. 213
(1805). *Petrocoptis glaucifolia* (Lag.) Pau=*Seli-
nopsis Lagascæ* Wk.=*Petrocoptis Lagascæ* Wk.

Otra forma de este género ha sido elevada al ran-
go específico por el Sr. Rouy. Proponemos la siguiente combinación:

Petrocoptis hispanica (Willk.) Pau.=*Petrocoptis pyrenaica* A. Br. var. *hispanica* Willk.
icones =*P. crassifolia* Rouy illustr.

La obra de Willkomm data de los años 1852–1861,
según el mismo autor: la del Sr. Rouy esle posterior
en muchos. La variedad *hispanica* del *Prodromus*
comprende otra especie (*P. Pardoi* Pau) de la Balma (Zurita) en el reino valenciano, escasa en los pe-
ñascos del mismo santuario: la *P. hispanica* (Wk.)
se contrae únicamente a la de *Icones* y *descriptio-
nes*, p. 31 (1862) que habita en el Pirineo aragonés;
y que posee "hojas gruesas coriáceo-carnosas".

La de la Balma tiene hojas trasovado-oblongas,
glaucas: su estrechez la aparta grandemente de sus
afines pirenaicas. Reliquia pirenaica y de difícil explicación su presencia en Valencia, así existe en sus
mismos límites geográficos septentrionales.

Rubus Castellarnaui Pau n. sp.

Del grupo *Silvatici* P. J. Muller: sección *Disco-
loroides* Gen: afín al *R. villicaulis* Köhl.

Turión delgado rojizo a la luz, ligeramente ru-
guloso glabérrimo, facies planas, agijones rectos en-
sanchados en la base y vulnerantes, hojuelas alampiñadas, la terminal largamente peciolada y bre-

vemente acorazonada en su base, terminación largamente acuminada. Ramo florifero tenue delgado
cilíndrico con aguijones casi rectos o ligeramente fal-
ciformes; hojas inferiores verdes, las superiores to-
mentoso-cenicientas en el envés Inflorescencia escasa
de flores, sepalos reflejos, pétalos trasovado-oblongos,
estambres más largos que los estilos.

Folia caulis discolora, suprema subtus albidula,
inferiora virentia: turio gracilis planus in faciebus,
calvus, cum petalis roseis.

Pinares de-La Granja (Vicioso y Beltrán): Julio,
1912.

Crupina crupinastrum Vis. — Valdemoro,
Agosto 1897: en frutos!

Esta especie, que no se indicó en la flora matritense, es más frecuente en España de lo que suponen
los autores.

Centaurea iserniana (Gay & Webb) Pau.=
Microlonchus isernianus Gay et Webb ap. Graélls
ramilletes, 466, lámina 3 (1859).

El *M. isernianus* no le conozco de Aragón: en
cambio es abundante en mi colección procedente de
ambas Castillas, y además, muy variable por las es-
pinillas de las cabezuelas Despreciando por ahora
una muestra, al parecer híbrida, de Olmedo (leg.
D. Gutiérrez) *C. iserniana* × *salmantica,* cabezuelas mayores aristadas, tallos un poco engrosados bajo
las cabezuelas, las diferentes formas de mi herbario
las agruparemos de esta manera:

Escamas del antodio múticas, excepto las inferiores que son brevísimamente aristadas: α *genuina.*
—Campos de las cercanías de Madrid (Pau: Agosto
1887)

Aristas de las escamas de las cabezuelas de 1'50
$^{m}/_{m}$: β *spinulosa* (Rouy) Pau=*Microlonchus spinulosus* Rouy excurs bot. III, p 42.—Cerronegro,
l. class. (C. Vicioso: 1912), Valdemoro (Pau 15 Agosto
1897: Beltrán, Ag 1911).

Squamarum aristis adhuc majoribus, 3 $^{m}/_{m}$: f^{a}

longispinosa Pau.— Quero, provincia de Toledo (Beltrán VI, 1912).

Creí que esta "especie" pertenecía al *M. valdemorensis* Cutanda fl. matr. p. 420; pero hoy sospecho que la especie de Cutanda pertenece al *M. Duriæi*, según Lange, de Aranjuez, por el ejemplar de mi colección.

El Sr. Rouy presenta su especie diferente del *M. isernianus,* diciendo: "Le *spinulosus* se distingue du *M. isernianus* Gay et Webb par les feuilles radicales et basilaires roncinées ou pinnatipartites, les tiges étalées ou ascendantes, les folioles du péricline plus longues, etc."—Rouy *Ilustrationes* p. 151.

Se ve, por lo copiado, que el Sr. Rouy únicamente acude a caracteres biológicos distintivos, y de escasa o nula impòrtancia taxonómica, para crear una especie diferente del *M. isernianus*. Para sostener esta mi contraria opinión, me apoyo en la magnífica estampa publicada por el Sr. Graélls; en estos caracteres de la descripción princeps: "hojas con el margen espinuloso y ápice largamente mucronado»; muestra del Cerronegro, localidad clásica, comunicada por Carlos Vicioso y varios ejemplares de mi colección de las provincias de Valladolid, Toledo y Madrid.

Centaurea alba L. *α* **genuina**.

Existen en la provincia de Madrid varias formas y según nuestra colección es muy variable: las dos únicas formas que se pueden distinguir lo pueden ser por las cabezuelas. La genuina las tiene pequeñas, según afirmó Linné: «Calyces terminales ovati parvi» y es vulgar en ambas Castillas; siendo, además, una especie exclusivamente española; porque todos los autores extranjeros que la indicaron fuera de la Península, la confundieron con otra especie, bastante diferente por las escamas de las cabezuelas, para considerarla como buena raza o subespecie semi autónoma Linné conoció únicamente la forma de escamas sin mancha ferruginea, de color de castaña o negruzca; pero, esta coloración no tiene fijeza y carece de valor, por encontrarse hasta en un mismo pie cabezuelas con escamas completamente plateadas y cabezuelas (superiores) con apéndices manchados. Los pies sin manchas en las escamas son raros.

Según Linné la planta de cabezuelas pequeñas debe tomarse por tipo: la de cabezuelas mayores es una variedad *macrocephala* (Robustiora, capitulis duplo majoribus squamis laxioribus) que existe en El Escorial (Secall!); cercanías del Hipódromo, Cercedilla, Torrelaguna, Pontón de Oliva, Navacerrada, Somosierra (Beltrán y Vicioso) y pertenecen a la *C. deusta* de los autores españoles, pero, no de Tenore, por ser esta planta extraña a nuestro país!

La planta española puede presentarse lampiña y virescente.

Se citó en España el *C. splendens* L.: según la descripción de Linné y su afirmación de ser planta de España, únicamente la *C. Costœ* Wk. conviene con los caracteres dados por el botánico sueco. Willkomm supuso, en duda, que la variedad *concolor* podía pertenecer a la *C. splendens* L ; pero, ¿cómo puede suponerse tal hipótesis cuando Linné la distinguió muy bien por las escamas obtusas y no aristadas? Este caracter es terminante y decisivo y no conviene más que a la *C. Costœ*. Las variedades concoloras o discoloras, ya he dicho, que carecen de valor taxonómico.

C. amara L. v. paularensis. - Paular (Vicioso y Beltrán, Julio 1912.)

Grisea puberula-scabra, caulibus simplicibus tenuibus, foliis lanceolato-linearibus, capitulis crassivribus.

C. carpetana B. R. v. **calcicola.**—Paular (« »)
Folia angustiora puberula-scabra.

Centaurea ornata W.

Loefling iter p. 295 la dió como *C. centauroides*. —Linné, en cambio, la tuvo por *C. collina*, sp. II, p. 1298, al traer el sinónimo de Clussius *Jacea luteo flore, Historia, liber quartus*, p. VIII, a la cual, los naturalistas de Salamanca la denominaron *Tra-*

gacantha officinarum y era frecuente en los campos. Linné, a pesar de su descripción *calycibus...
inermi-spinosis*, asimiló la estampa de Clussius, con espinas muy largas a la *collina*.

Se citó en la provincia la *C. centaurium*; como existe en las de Valladolid, Jaén y Murcia la *C. alpina* L. pudiera haberse confundido con ésta. He de advertir que la planta de Olmedo (leg. Gutiérrez) es típica: no la de Jaén (Reverchon pl. d' Espagne (1905) núm. 1347) que pertenece a la variedad *angustisquama* Pau hb. (squamis angustioribus). Linné llamó *alpina* a una especie que por lo expuesto, nada tiene de alpestre, porque vive en las cercanías de Valladolid.

Centaurea matritensis Pau hb. 1897.=**C. alba×castellana** nov. hybr.—Madrid, cercanías de la Moncloa (Pau Ag. 1897). Paula y Escorial (Vicioso y Beltrán, 1912).

Hábito de *C. castellana*, pero, escamas con margen plateado dilatado, manchas del apéndice más anchas y más cercanas a las de la *C. alba*, aquenios un poco más largos y flacos

Hay que buscar en la provincia, ya que se indicaron sus padres, los siguientes híbridos del género *Centaurea*:

C. aspera (calcitrapa=C. Pouzini DC.

C. (aspera×calcitrapa)×aspera Pau.=*C. hybrida* prodr. 11, p. 145, que poseo de Castilla la Vieja, Aragón y Valencia.

C. ornata × scabiosa S. et P.=*Jovinieni* S. et P. de Aragón y Castilla la Vieja.

C. calcitrapa × pectinata Pau=*C. Senneni* Pau.

C. alba × calcitrapa Pau=*C. Eliasi* Sennen & Pau, recientemente descubierta en Castilla la Vieja.

La *C. aspera* L. v. *subinermis* DC. en Quero (Toledo) recogida por el Sr. Beltrán.

Xeranthemum cylindraceum Sibth. Sm.—Paular: Vicioso y Beltrán. Especie bastante rara en España.

Serratula nudicaulis (L.,) DC. var. **glauca** (Cav.) Pau=*Carduus glaucus* Cav.

Escorial (Secall !), Navacerrada en la Dehesa de Majaserranos (Beltrán). —Equivocadamente se identificó la estampa y especie de Cavanilles con el tipo o forma *genuina* de la *nudicaulis,* que no crece en el Centro de la Península, ni sube a la región montana.

Serratula flavescens (L.) Poir.

He aquí una forma curiosísima, por ser la especie que Linné creó, según los ejemplares que le fueron comunicados por Loefling, y por consiguiente, son las cercanías de Madrid su localidad clásica. Mis amigos no me han comunicado tan importante especie: los ejemplares de mi colección proceden del Cerronegro y fueron redactados por mí, durante mi larga campaña por la provincia en el año 1897, pero, un poquito jóvenes. Tiene suma importancia la planta madrileña, porque en España existen otras formas, muy diferentes, que para los autores fueron variedades sin importancia.—Véase Willkomm *prod II*, p. 173, en donde no puede darse mayor distracción, al hablar de la especie de Cavanilles *Carduus leucanthus*. Como la forma típica de Linné, es desconocida hasta en el día por los botánicos, la *Serratula flavescens* (L.), es llevada y traída como *mucronata* Desf., pág. 243 y n.º 219, como dice Willkomm l c., *cichoracea* DC. y sin mentar la creación de Cavanilles *Carduus leucanthus,* (1793), diferente del *flavescens* L. y que no solamente existe en mi colección de la costa oriental española, sino de Africa mediterránea.

La *Serratula flavescens* (L. sub *Carduus*), ateniéndonos únicamente a las escamas de las cabezuelas, ya que mis ejemplares son jóvenes, son *lanceolado-lineales, largamente aristadas*; este solo carácter la aparta de la *S. leucantha* Cavanilles! (sub *Carduus*) porque las escamas de esta raza son *aovadas, más cortas y las aristas muchísimo menores*:y se puede presentar bajo tres formas: *leucantha, aurea* y *rosea*, que poseo en mi herbario. Se ve por lo indicado que: «Non differt a specie nisi corollis níveis» que dijo Willkomm, no estaba apoyado en el análisis comparativo de ambas formas

La *Centaurea cichoracea* L., según mis ejemplares, trae las escamas «calicinales» del tipo; pero, las hojas son largamente decurrentes y no la conozco de España: deberá ser *Serratula flavescens* (L.) Poir. var. *cichoracea*, teniendo en cuenta, que la decurrencia de las hojas, como dijo Linné en su frase específica, sea constante.

En Madrid deberán darse cuenta del gran valor cientifico que atesoran sus formas vegetales y procurar difundirlas, desprendiéndose de la bendita candidez en que se ha vivido y aventando el falso concepto que tenemos los españoles de considerar óptimo lo extranjero e insignificante lo natural y propio del país. No solamente de nuestros botánicos, de Linné mismo se pueden publicar varias especies clásicas, que poco a poco, procuraremos traerlas aquí.

Chænorrhinum origanifolium (L.) Lge. var. **segoviense** (Reut.) Pau =*L. segoviensis* Reuter.

Muros de Segovia (Lomax; 1893): Barras (Octubre sin año). Formas apenas diversas (*irrelevantes)* en Torrelaguna (Vicioso y Beltrán), Sierra de Albarracín (Zapater)

Inter *origanifolium* et *crassifolium* foliis, caulibus cinereo-puberulis, subpubescentibus.

Ch. rubrifolium (Rob el Cast.) Longe var nova **Reyesii** Vicioso y Pau.

Ciempozuelos (Pau, 5-1897; Vallecas y Getafe (Vicioso y Beltrán (30 V. 1911). Gracillimum. Caulis hirsuto-pubescens, corolla minima. Muy parecida esta variedad al *Ch. exile* Coss. que presenta los tallos glabérrimos y espolón agudísimo, no obtuso.

En mi colección veo algunas formas del género, que paso ligeramente a indicar.

Ch. serpyllifolium Lange Quero (Toledo): Vicioso y Beltrán. Bastante típica pero, según las muestras de mi colección de Castilla la Vieja y

las numerosas del *Ch. robustum* Loscos, de Teruel,
hoy creo que pueden reunirse en una misma especie: Lange llevó su especie a otra sección que in-
cluyó el *Ch origanifolium*, cuando su *Ch. serpyllifolium*, es una forma del grupo específico *origanifolium*, especie sumamente variable, que con frecuencia nos da individuos floreciendo el primer año,
trayendo por lo tanto raiz anual.

El *Ch. crassifolium* var. *parviflorum* Lange=
Linaria setabensis Leresche es idéntico al tipo
crassifolium de Cavanilles. Játiva es una de las localidades clásica de la especie.

La *Linaria Bourgœi* Jordán, de Benasque, localidad clásica, la recogí en las paredes del pueblo
mezclados los individuos anuales con los de raiz leñosa, con la particularidad de que las muestras de raiz
anual son alampiñadas y las hojas mayores, acer-
cándose a las variedades o formas *brasianum* Rouy
y *lapeyrousianum* Jord. que se encuentra en España Resulta, que en los muros de los cercados, sa-
liendo de Benasque hacia el Norte, se encuentran
mezcladas varias formas: lo que demuestra el grande
polimorfismo del *origanifolium* y la inestabilidad
de ciertas creaciones

El *Ch. flexuosum v. hispanicum* es otra variedad del *Ch. origanifolium*, con la particularidad
que Lange confundió con esta denominación dos formas: *catalaunica* y *aragonensis* diversas tanto por
la vestidura como por las hojas.

Del *Ch. grandiflorum* Coss. puedo indicar una
variedad nueva **carthaginense** Pau hb. diferente
del tipo por los tallos pelosos. (Sembrados de la
Muela: 31 de Marzo 1901: Jiménez Munuera).

De las costas de Almería y Murcia otra variedad
nueva del *origanifolium*, var. **microphyllum**. Hojas pequeñas redondeadas y carnosas.

Plantago monosperma Pourr. var. **discolor**
Pau, Sierra de Guadarrama (Vicioso y Beltrán.--«For-
ma foliis supra glabris». Willkomm *prodr. fl. hisp.*
II, p. 353.

La poseo en León, Castilla la Vieja, Castilla la Nueva y Aragón (S.ª de Albarracín) y se trata de una buena variedad.

Linaria hirta (L.) M. *α* **genuina** Pau.

Foliis ciliatis «fere omnibus hirtis».—Campos de las cercanías de Madrid (Beltrán).—No conozco el tipo de la especie lineana más que de la localidad citada: en cambio, la variedad *semiglabra* (Salzm.) Pau=*L. hirta* auct. hisp. fere omnium, es frecuente en España.—Folia glabra.

Linaria aeruginea Loscos et Pardo.=*Antirrhinum aerugineum* Gouan! sec. Asso.=*L. melananthe* Boissier et Reuter, (pr. p.).

Var. **atro-purpurea** (Graélls) =*L. atro-purpurea* Graélls addenda et corrigenda in catalogo Colmeiroano Florulæ Castellanæ, p. 23 et sine descriptione (1854)=*L. melanantha* Boiss. el Rt ! (pr. p.) pugillus p. 85 (1854).

Tallos de un pie y rígidos, hojas generalmente mayores y más gruesas, corolas mayores y de color más obscuro, inflorescencia más largamente racimosa. Buena variedad a pesar de que los autores, o no la indican o la traen como sinónima de la *melanantha*, que indicaron Boissier y Reuter *in regione montana y alpina montium regni Granatensis*, cuando la planta de Sierra Nevada tampoco es idéntica a la forma aragonesa, que, según Asso hay que considerarla *genuina*! por haberla determinado el mismo Gouan, con quien la consultó: luego, la duda de Bentham la motivó el no conocer las obras de Asso.—Boissier y Reuter escribieron: «Hanc *L. aerugineam* nuncupavissem nisi synonymon Gouani dubium a cl. Benth. potius ad *L. caesiam* relatum fuit.» y la *L. caesia* (Lag !) del Cerronegro que allí viva trae *corolas amarillas*! y es una forma paralela como la *atropurpurea*: aquélla de la *L. supina:* la otra de la *aeruginea*.

Cutanda (*Fl. matr.* p. 511) distingue muy bien la *L. atropurpurea* de Graélls en pocas palabras: «Crece hasta pie y medio o dos pies, con tallos ascendentes (inexacto) muy frágiles y poco ramosos, y flores en racimo». Y poco más arriba nos da: *La corola es grande.*—Cualquiera que haya herborizado la verdadera *L. æruginea* de tallos débiles y tumbados, flores reunidas en «cabezuelas» y color ferruginoso claro de las corolas, no podrá tener por idénticas ambas plantas. Sobre todo, hay que verla en los terrenos graníticos de las cercanías de Avila la elegante y hermosa *L. atropurpurea*, elevando sus tallos por encima de los peñones errantes y matas leñosas de aquellas tristes y arenosas laderas y llamando la atención del viajero a larga distancia.

Del género *Linaria* habrá que buscar con cuidado algunos híbridos como × *L. ulmetica* Pau hb.= *L. juncea* × *filifolia*; con pedunculillos doble más cortos que en la *juncea* y mayores que en la *filifolia* y que puede fácilmente confundirse con las formas parvifloras de la *L. spartea*, si no fuese por la cortedad de los pedunculillos. Otra especie híbrida es *L. juncea* × *Tourneforti* que deberá buscarse en la Sierra y algunas otras que pudieran descubrirse. Según el amigo Vicioso, en la Sierra se encuentra el híbrido *Digitalis purpurea* × *Thapsi*, que el señor Sampaio dio de Portugal: es muy probable y creíble, pero, los ejemplares recibidos han de ser estudiados en vivo, porque preparados, todos se confunden con la *D. Thapsi* y me son difíciles de caracterizar. Encuentro esta especie bastante polimorfa y la decurrencia de las hojas, no creo tenga la fijeza que los autores le concedieron.

Plantas de los alrededores de Igualada

RECOGIDAS POR **D. RAMÓN QUERALT**

Y-CLASIFICADAS POR EL **H.º SENNEN**

Thalictrum minus L.
Helleborus fœtidus L.
Nigella gallica Jord.
Delphinium Loscosi Costa.
    —   *peregrinum* L.
Glaucium corniculatum Curt.
Arabis sagittata DC.
Alyssum campestre L.
Clypeola Jonthlaspi L.
Draba verna L.
Biscutella tarraconensis Sennen.
    —   *auriculata* L.
Thlaspi perfoliatum L.
Hutchinsia petræa R. Br.
Helianthemum virgatum Wk
    —   *hirtum* Pers.
    —   *lavandulæfolium* P.
Fumana viscida Spach.
Viola alba Bess.
    — *silvestris* Lamk.
Silene muscipula L.
    — *nutans* L.
Dianthus attenuatus Smith.
    —   *caryophyllus* L.
Spergularia rubra Pers.
Linum narbonense L. var. *microphyllum* Sen. et
    Pau.
    — *suffruticosum* L.
Malva silvestris L.
    — *rotundifolia* L·
Althæa cannabina L.
    — *officinalis* L.

Erodium cicutarium L' Hér.
— *moschatum* L' Hér.
— *malacoides* Willd.
Hypericum tomentosum L.
— *perforatum* L.
Coriaria myrtifolia L.
Genista hispanica L.
Ononis campestris Koch.
— *tridentata* L.
— *minutissima* L.
Anthyllis tetraphylla.
Medicago lupulina L·
— *silvestris* Fries.
Melilotus altissima Thuili.
Trifolium fragiferum L.
— *ochroleucum* L.
Lotus rectus L
— *corniculatus* L.
Potentilla reptans L.
— *verna* L.
Rubus rusticanus Mercier.
— *tomentosifrons* Sudre.
— *Senneni* (*rusticanus* × *tomentosifrons*) Sud.
Prunus spinosus L.
Rosa canina L.
Herniaria cinerea DC.
Epilobium hirsutum L.
— *parviflorum* Schreb.
Sedum album L.
— *acre* L.
Bupleurum rigidum L.
— *fruticescens* L.
— *rotundifolium* L.
Pastinaca silvestris.
Sambucus nigra L.
Viburmnm Tinus L.
Lonicera etrusca.
Galium aciphyllum.
— *Gerhardi*

Centranthus ruber DC.
Dipsacus silvestris L.
Cephalaria leucantha Schr.
Tussilago farfara L.
Solidago virga-aurea L.
Aster acris L.
Senecio erraticus Bert.
Artemisia campestris.
Inula conyza DC.
  —   *helenioides* DC.
Cupularia viscosa Gr. et G.
Echinops Ritro L.
Cynara cardunculus L.
Cirsium monspessulamum Celt.
  —   *flavispina* Boiss.
  —   *crinitum* Boiss.
Centaurea cyanus L.
  —   *linifolia* Vahl.
  —   *melitensis* L.
  —   *solstitialis* L.
  —   *calcitrapa* L.
  —   *aspera* L.
$\times$ —   *Pouzini*=C. *calcitrapa* $\times$ C. *aspera*
         GG.
  —   *scabiosa* L.
  —   *collina* L.
Carlina lanata L.
Atractylis humilis S. var. *marcocephala* Sennen.
  —   —   L. var. *leptocephala* Sennen·
Lappa memoralis Kœrmicke.
Catananche cærulea L.
Cichorium divaricatum Schousl.
Scorzonera macrocephala DC.
Lactuca viminea L.
  —   *scariola* L.
Crepis pulchra L.
Jasonia tuberosa DC.
Phagnalon sordidum DC.
  —   *rupestre* DC.

(Continuará)

MISCELÁNEA

LA VAL DEL CHARCO DEL AGUA AMARGA Y SUS ESTACIONES

DE ARTE PREHISTÓRICO

POR JUAN CABRÉ Y CARLOS ESTEBAN [1]

Situación. — La llamada *Val del Charco del Agua Amarga* (2), forma parte del dilatadísimo término municipal de Alcañiz (Teruel), de cuya ciudad dista unos quince kilómetros. Hállase al Este de esta población y casi a igual distancia de Alcañiz a Maella y de Valdealgorfa a Caspe.

Para ir a ver las estaciones de arte rupestre de este valle con relativa facilidad, es preciso antes llegar a Valdealgorfa y desde allí tomar el camino vecinal que pone en comunicación este pueblo con Caspe, recorriendo con caballería trece kilómetros, porque aunque dicho valle es de la jurisdicción de Alcañiz, esa parte de término la cultivan los terratenientes de Valdealgorfa y ellos son los que han hecho y conservado sus vías de comunicación.

El sistema geológico, la geografía característica de la región, vegetación antigua y clima, son las mismas del Barranco del Calapatá, a pesar de estar separadas ambas localidades unos treinta kilómetros poco más o menos.

Denominación y lugar de las diversas estaciones prehistóricas con arte rupestre, de la Val del Charco del Agua Amarga. —Una vez llegado

(1) Publicado en la Memoria primera de la Comisión de Investigaciones Paleontológicas y Prehistóricas.—Madrid, 1915.

(2) La cueva designada con este nombre no se pudo incluir en la lista de los descubrimientos de arte rupestre del Oriente de España, expuesto en el capítulo II, por haberse des-

al fondo del valle se encuentra al lado opuesto de la cuesta de *Pel*, por la cual ha descendido el visitante, un peñasco al lado de unas parcelas de tierra destinadas al cultivo de cereales. Dicho peñón alberga un covacho pequeño, de piso muy inclinado y resbaladizo, en cuya pared del fondo hay grupitos de puntuaciones en rojo. Como carece esta cueva de nombre propio, la denominaremos de la *Cuesta de Pel*. A tres kilómetros escasos, siguiendo el valle en dirección descendente, en medio de él, nace una fuente de aguas salitrosas aun cuando no del todo malas para su utilización, pues hiciéronse dos estanques para re-

---

cubierto con posterioridad a la impresión de dicho capítulo. No habiéndolo, pues, hecho en su lugar correspondiente, lo hago aquí como en el más a propósito.

Publicando esta estación prehistórica de arte, a continuación de la anterior de la provincia de Teruel, se podrá además establecer la conexión entre las diferentes manifestaciones de la misma comarca.

El estudio, fotografías, dibujos y calcos hiciéronse recientemente, a principios del mes de Octubre de 1914 y por la primera vez por el que suscribe

Se debe este afortunado hallazgo a mi amigo y colaborador del Boletín de Historia y Geografía del Bajo Aragón, D. Carlos Esteban, residente en Valdealgorfa, el cual, en el mes de Septiembre de 1913, yendo a una de sus propiedades, al pasar junto a una cueva de este valle, vió algunas pinturas desde el caballo en que iba montado. No quiso llamar la atención de la servidumbre que le acompañaba, para que no se propalara la noticia y con ello se diera ocasión a que destruyeran inconscientemente las pinturas los campesinos, de quienes habían pasado inadvertidas. Sólo fue conocedor del descubrimiento nuestro antiguo director, D. Santiago Vidiella. Sin embargo, su estudio no se realizó hasta la fecha indicada en que con motivo de un viaje que hice a mi país natal pude verificarlo con algún detenimiento.

Cuando fuí a sacar las fotografías y dibujos en compañía de su descubridor y de D. Bernardo Gerona, párroco de Valdealgorfa, hallé en la misma val otras cuevas con pinturas, a tres kilómetros antes de llegar a la descubierta por D. Carlos Esteban; además descubrí grabados de figuras de animales, en una peña a cien metros de la primera estación conocida.

tenerlas y conservarlas para el riego y el consumo del ganado lanar. Debido a las sales que contienen dichas aguas han dado en llamarle en el país a la fuente, el *Charco del Agua Amarga*. Inmediatamente aparecen grandes bloques de piedra arenisca a los lados del camino, albergando pequeñas y grandes cuevas que sirven algunas de ellas de parideras para el ganado. La primera, después de pasar la fuente y un caserío e inmediata al camino, es la que posee las pinturas prehistóricas que descubrió D. Carlos Esteban en 1913, a la que también por la misma razón, que no se le conocía nombre, la llamaremos la *Cueva del Charco del Agua Amarga*.

A cien metros o tal vez a menos de esta cueva, existen antes de llegar a ella, varios peñones sueltos, colocados en la misma alineación y en el fondo del valle; en el de dimensiones menores encontré en el viaje realizado en el último mes de Octubre, un ciervo grabado completamente al aire libre, en el lienzo vertical de la peña y sin estar resguardado por ningún saliente rocoso a modo de dosel. En la roca contigua hay un signo geométrico pintado en negro, del cual tengo mis dudas sobre su autenticidad, ya por su carácter, ya por las referencias de un campesino que me dijo debió hacerlo recientemente un vecino suyo. Un signo igual, pero muy desvanecido ya, encuéntrase a la mitad de la altura de la terraza sobre la que se levanta la *Cueva del Agua Amarga*, pues dicha cueva no está al mismo nivel que el fondo del valle, se eleva sobre él un par de metros.

En dicha terraza y en el interior de la cueva, aparecieron a flor del suelo variedad de sílex tallados, prehistóricos, unos de indudable procedencia paleolítica, otros probablemente neolíticos por la asociación de cerámica de la edad de la piedra pulimentada.

Utiles de pedernal con retoques y lascas sobre todo, abundan muchísimo por todo el valle y principalmente en los repliegues o rinconadas que hay en todas las ondulaciones del barranco desde la cuesta de *Pel* hasta su desembocadura al río Guadalope, trayecto que mide ocho kilómetros. En estas rinconadas las cuevas más o menos habitables, se multiplican mucho.

. . . .

Descripción de las pinturas y grabados de las varias localidades de esta val.—Respecto a la *Cueva de la Cuesta de Pel*, poco puedo extenderme, porque lo que en ella se ha reproducido es apenas nada y poco interpretable por ahora. Se reduce a un grupo de cuatro puntos y líneas en forma de coma, pintados con la yema de los ·dedos en color rojo y a otros puntos sueltos. Esta clase de signos son muy comunes en las pictografías, lo mismo al aire libre, como en el interior de las cavernas y sin variar de forma; unas veces fueron obra de los paleolíticos y otras de los neolíticos. No cito los sitios que conozco que poseen manifestaciones idénticas, porque se haría interminable su lista

En cuanto al grabado de ciervo que vi en un peñón aislado junto al camino, sólo he de manifestar el arcaismo que tiene y el sello que posee de marcada antigüedad. No está del todo acabado, fáltale acusar las extremidades inferiores. Las astas se perciben con dificultad y el ojo fué hecho con mucha impericia y convencionalismo. Mide unos 35 centímetros y me parece que pertenecerá este dibujo a la época del magdaleniense antiguo.

Las pinturas en negro, las dos son idénticas en tamaño y forma, y si resultaran auténticas no pueden reputarse como obras originales del pueblo paleolítico, todo lo más del que labró la cerámica neolítica, cuyos restos esparcidos, se hallan por las inmediaciones. He querido con buena voluntad, leer en dichas pictografías dos estilizaciones humanas constituídas por una figurá geométrica en forma de cuadrilátero; pero con la particularidad de que el lado inferior en vez de ser recto es una línea quebrada con el vértice muy pronunciado y hacia arriba; del centro de la línea superior levántase un círculo pequeño y de ambos extremos parten dos prolongaciónes que sirven para indicar los brazos del ser humano, así como el círculo tiene por objeto representar la cabeza del mismo.

Réstame hacer la descripción del contenido de la última cueva del valle, de la llamada del *Charco del Agua Amarga*, la que dije consideraba como la de más importancia de todas ellas en calidad y por el número de asuntos.

En primer término he de hacer constar que una vez más se confirma el hecho de que en todos estos refugios con arte, la abertura de la entrada mira al poniente, y las manifestaciones artísticas en ellos existentes son siempre visibles desde el exterior con objeto de que pudieran ser admiradas por el pueblo paleolítico.

El lienzo de pared en el cual están ejecutadas, o sea la zona pintada, mide 3,60 metros de largo por 1,00 de ancho.

Sólo contiene dicha cueva pinturas en rojos distintos y no he visto en ella grabado alguno. Varía entre 0,84 y 0,11 metros el tamaño de las pinturas de animales y el de la humana entre 0,53 y 0,03.

Su estado de conservación es bueno, a pesar de que debido a varias causas naturales muchas de las pinturas se han mutilado y no pocas han desaparecido.

Por la lámina II (1) puede deducirse la verdadera importancia y la transcendencia de los asuntos desarrollados en dicha cueva.

Viendo esta lámina en la que se reproduce todo el armonioso conjunto de pinturas o la composición general, sácase la consecuencia de que, el asunto predominante representado, son escenas de caza y a la vez que abundan en ella, obras de una misma época.

Aunque en realidad esas parecen ser las características, analizando cada una de las pinturas evidentemente se demuestra que otros temas de mayor ca-

_____

(1) No se reproducen aquí las láminas del original, ni algunas figuras intercaladas en el texto.

pitalidad que una mera representación de caza existen en dicha cueva, los cuales a pesar de su corto número aventajan a las escenas venatorias en interés científico. También se patentiza por dicho examen, la diversidad de épocas y civilizaciones que dejaron sus huellas en la mencionada cueva, aunque se tenga presente que en su mayoría pertenezcan, como expresé, a una sola fase.

Fig. 1. Cueva del Charco del Agua Amarga·—Cacería de un jabalí; segunda fase.

El asunto primordial es una sencilla imagen de mujer que tiene un carácter simbólico y constituye el emblema de uno de los cultos de los paleolíticos.

El que le precede en aprecio arqueológico y filosófico lo tenemos en la cacería del jabalí (fig. 1), cuya escena puede servir de base y argumento para probar la tesis del carácter mágico de algunas partes componentes de estos monumentos de arte rupestre, y quizás supere a la anterior representación, la escena humana central, que a mi entender tiende a figurar un episodio bélico, y como quiera que en otra localidad del Oriente español se repite el mismo asunto, tendremos que fijarnos detenidamente en la finalidad de este género de figuraciones.

Queda en segundo lugar para el especialista de estos estudios la exposición del resto de dicho conjunto porque en él no hay más que repeticiones del argumento segundo o sea trátase de copiar nuevas escenas de caza, claro que algunas de éstas encierran un interés muy relevante, como la del extremo izquierdo, en la que se ven varias figuras de hombres, coriendo de un modo, que más que correr parecen que vuelan, en los cuales se aprecia su indumentaria y útiles de caza y la inmediata al ciervo grande,. en la que un cazador disfrazado con cabeza de animal intenta sorprender una cierva, ardid que por indicios créese que empleaban los paleolíticos.

La nota de más relieve de esta localidad (aparte de la que tanto realce le da, la existencia de tantas y tantas figuras humanas que por lo regular escasean o faltan en los monumentos paleolíticos) consiste en la perfección con que están pintadas todas las figuras de animales, llenas de vida y con un movimiento que raya en lo inimitable.

Entre ellas sobresalen las imágenes del jabalí y de la cabra que está saltando en la parte central baja de la composición; la del ciervo siluetado junto a la carrera de hombres y las dos incompletas cabras y un ciervo del final de la derecha en los que al realismo más acabado únese la elegancia suma de sus actitudes.

No nos sorprende admirar tales perfecciones en las pinturas de nuestra cueva; semejantes buenas cualidades, aunque no en el mismo grado a excepción de las del Barranco de Calapatá, que han alcanzado su grado máximo, se aprecian en todo el arte rupestre del Oriente de España. Generalmente, en las estaciones prehistóricas que se describen con este arte, como verá el lector en el transcurso de este capítulo; muchas de las figuras de animales carecen de aquella vida que les imprimen las actitudes muy movidas, en una palabra, fueron representadas en posición más tranquila y casi de reposo, lo cual no quiere decir que no sean tan buenas obras de arte, pero que no obstante carecen de ese sello de vitalidad que poseen la de esta localidad aragonesa.

El contraste anteriormente apuntado se acentúa más en las figuras humanas por el hecho de presentarse desde la primera a la última en desenfrenada carrera tras la caza o en pos del enemigo o rival al que tratan de dar alcance.

Representaciones humanas con ese exagerado movimiento sólo se conocen del Oriente de España, las de nuestra *Cueva del Charco del Agua Amarga*.

Véase a continuación las diferentes épocas que con más o menos claridad he visto en este monumento artístico: Pertenecen a la primera época solamente las figuras de animales siluetadas, esto es, la de aquéllos en que están indicados los contornos con una línea continua y con tinta débil, quedando el interior del cuerpo sin cubrir de color y por lo tanto, con el propio de la peña Generalmente a estas figuras de silueta fáltales la indicación de la parte inferior de las cuatro extremidades; con las expresadas circunstancias puedo señalar el gran toro del lado derecho e inmediato a la cacería del jabalí; a él se le superpone una figura de cazador de la fase segunda; la cierva que luego fué repintada y que se halla al lado del cazador disfrazado con cabeza de animal y tal vez el hermoso ciervo saltando que hay debajo del grupo de hombres. Todo ello en cuanto a la representación animal; respecto a la humana sólo me atrevo a indicar una que le distingue por lo muy difuminada que se conserva, que tiene carácter distinto de las demás siluetas humanas y por estar superpuestas a ellas otra de la segunda etapa; es la que está debajo del toro que antes he citado.

A la segunda edad corresponden todas las pinturas de la composición (el mayor núcleo), así humanas como de animales de color siena tostada; sin excepción se incluyen en ella todos los cazadores y figuras de ciervo y cabras, la lucha, la imagen de mujer que está de perfil y puede ser que la otra figura, también de mujer, de la parte central y alta.

Del dominio de la tercera son, en primer lugar, las figuras humanas estilizadas construídas por trazos delgados; ejemplo de ello, en la figura 4 reprodúcese un ciervo de la segunda época con la superposición sobre su cabeza de una imagen de cazador con ese carácter; además la de esta fase son de color más obscuro que las de la anterior. En segundo término, las figuras de cabras de esta época se determinan porque están casi siempre sin acabar, pintadas con rojo que tiende más al color negro.

Se hace tan bárbaro el arte de las figuras de animales de la cuarta época, que no se puede precisar su especie. En la figura 2 bien claramente se demues-

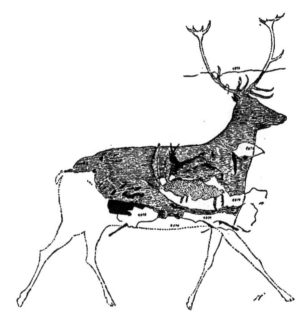

Fig 2. Cueva del Charco del Agua Amarga-—Gran ciervo pintado en rojo obscuro, de la segunda fase, con la superposición de una figura de cabra montés en rojo negruzco, de la tercera fase y con la imagen de un animal indeterminado en rojo claro pintado en un descascarillado posterior a la confección del ciervo, perteneciente a la cuarta fase.

tra lo dicho, y además pruébase que dichas imágenes deben ser posteriores a las de tinta diluída de color rojo obscuro y a las de color negruzco, porque en la misma figura en el descascarillado que levantó parte de la imagen del ciervo grande, que se ha clasificado como de la segunda época, se ha aprovechado para pintar en él otro animal con tinta no tan fuerte, el cual recubre con sus cuernos parte del ciervo, poniendo de manifiesto en dicho lugar la diferencia de coloración. Las representaciones humanas, así masculinas como femeninas, recuerdan o mejor dicho, remedan a las estilizadas del arte del Sur de España.

Quedan por citar algunas pequeñas figuras que por su estado de conservación no me ha sido fácil formar cabal concepto de ellas.

¿Pueden incluirse todas estas manifestaciones entre las del pueblo paleolítico o no? Sin dudar, afirmaría que las que he clasificado, hasta de la tercera fase, son de la piedra tallada; las de la última, tienen un sello típicamente neolítico, de un pueblo relacionado con el que pintó tantos abrigos y covachos en Sierra Morena y otros lugares del Sur de nuestra Península. La cerámica neolítica, hallada al pie de estas pinturas, delatan la edad de algunas de ellas y no pueden ser más que la de las muy estilizadas de la cuarta época, porque las de la primera fase quizás se relacionan con las figuras de animales de línea de la Roca dels Moros, de Calapatá; recuérdese que éstas las clasifiqué como del magdaleniense antiguo o premagdaleniense; también puede deducirse su edad por la relación que tengan con las delineadas de color de la roca de Cogul, que citaré muy en breve y con las del Cortijo de los Treinta (Almería), las cuales están determinadas como obras magdalenienses Idénticas a las de la segunda fase, las hay con igual procedimiento, técnica y modo de interpretar las cabezas de los ciervos, que, estando de perfil, colocan las astas de frente, menos los dos candiles inferiores, en los dos peñones de Calapatá, Cogul (Lérida), Albarracín (Callejón del Plou y Navazo) Teruel, Cuevas de la Vieja y del Queso, Tortosillas, Meca (Albacete), Valencia y Alicante), Cantos de la Visera Murcia, en dos sitios), Desfiladero de Leira y Estrecho de Santoge (Almería), Cueva de los Ladrones o Pretina? (Cádiz) y en otros sitios conocidos, pero todavía no estudiados, de Andalucía y Murcia, las que también fijan su edad como del pleno magdaleniense.

Por último y como pertenecientes al final de la citada época magdaleniense, se hallan otras, similares a la de la tercera fase, en el segundo abrigo de Calapatá, Cogul, Navazo, Cueva del Queso, Desfiladero de Leira, Estrecho de Santonge, etc., etc.

TOMO XV   ABRIL DE 1916   NÚM. 4

BOLETÍN

DE LA

SOCIEDAD ARAGONESA DE CIENCIAS NATURALES

SECCIÓN OFICIAL

SESIÓN DEL 1 DE MARZO DE 1916

Presidencia de D. Pedro Ferrando

Con asistencia de los socios Sres. Gómez Redó, P. Navás, Pueyo y Vargas, comenzó la sesión a las quince. Leída el acta de la sesión anterior fué aprobada.

Correspondencia.—En atentísima carta, nuestro Presidente Sr. Cadevall, da las gracias por la medalla de la Sociedad que por aclamación le fué concedida.

Dan las gracias por su admisión como socios los Sres. Haas y Hno. Esteban.

La Real Academia Española de Historia Natural remite a la Sociedad Aragonesa de Ciencias Naturales diez ejemplares de la nota «Sobre traducción de algunos términos frecuentemente empleados en Glaciología» compuesta por el Sr. Fernández.

El Presidente de la Comisión extraordinaria de la Estación zoológica de Nápoles, Sr. Monticelli, notifica que la citada Comisión se encarga de continuar los trabajos científicos así como de allegar recursos.

Se ha recibido la circular de la Asociación Nacional de la Buena Prensa proponiendo la celebración del *Día de la Prensa Católica*.

Comunicaciones.—Una rectificación del señor de la Fuente a propósito de la «Nota sobre Sinonimia de Hemípteros».

Nota bibliográfica del P. Barnola sobre la obra de D. Eduardo Reyes Prósper «Las estepas de España y su vegetación».

Y leída por el P. Navás la Crónica Científica se levantó la sesión a las dieciséis.

COMUNICACIONES

Plantas de los alrededores de Igualada

RECOGIDAS POR **D. RAMÓN QUERALT**

Y CLASIFICADAS POR EL **H.º SENNEN**

(Conclusión)

Sonchus maritimus f.ª *macrocephala.*
Stæhelina dubia L.
Xeranthemum erectum Prest.
Campanula trachelium L.
    —   *persicifolia* L.
    —   *hispanica* var. *catalaunica* Willk.
Erica multiflora L.
Lysimachia Ephemerum L.
Ligustrum vulgare L
Erythræa Barrelieri Duf.
    —   *pulchella* Hom. fª. *albiflora.*
Convolvulus lanuginosus Desv. v *cantabrica* L.
Lithospermum fruticosum L.
    —   *arvense* L.
Solanum dulcamara L. fª. *tomentosa.*
Physalis Alkekengi L.
Datura stramonium L.
Hyoscyamus niger L.
Verbascum Thapsus L.
Scrophularia aquatica L.
Linaria spuria Mill.
    — *minor* Desf.
Veronica catalaunica Sennen.
    —   *chamædrys* L.
    —   *anagallis* L.
Orobanche cruenta Bert.
    —   *rapum* L.
    —   *hederæ* Duby.
Lavandula latifolia Vill.
Mentha rotundifolia L.
    — *aquatica* L.

Origanum vulgare L.
Satureia montana L.
Calamintha clinopodium Bth.
Salvia sclarea L.
— *pratensis* L.
— *verbenaca* L.
— *lavandulæfolia* Pourr.
— *horminoides* Pourr.
Ballota fœtida Koch.
Stachys lanata Jacq.
Betonica officinalis L.
Phlomis herba-venti L.
— *lychnitis* L.
Sideritis hirsuta L.
Brunella vulgaris L.
— *grandiflora* L.
— *hastæfolia* Brot.
Ajuga-Ino Schreb.
— *chamæphytis* L.
Teucrium botrys L.
— *capitatum* L.
— *aureum* Schreb.
— *polium* L.
— *chamædrys* L.
Odontites lutea L.
— *serotina* Reichb.
Verbena officinalis L.
Plantago media L.
-- *major* L.
Globularia nana Lamk.
— *vulgaris* L.
Chenopodium botrys L.
Rumex intermedia DC.
— *acetosella* L
Polygonum convo.vulus L.
Passerina annua L.
— *tinctorea* L.
Euphorbia exigua L.
— *prostrata* Ait.
Mercurialis annua L.

Mercurialis tomentosa L.
Crozophora tinctoria Jus.
Urtica urens L.
—   *membranacea* Poir.
Juniperus communis L.
—   *phœnicea* L.
Allium sphœrocephalum L.
Orchis conopsea L.
Cephalantera rubra Rich.
Epipactis microphylla Sw.
Epipactis atrorubens Hoffn.
Thypha australis Schumm. et Thon.
Juncus Duvalii.
—   *acutus* L.
Scirpus lacustris L.
—   *maritimus* L.
Phalaris canariensis L.
Panicum sanguinale L.
Phragmites communis Trin.
Agrostis alba.
Eragorstis Barrelieri Daveau.
Poa bulbosa L.
Briza media L.
Bromus squamosus L.
Brachypodium distachyon P.B.
Tragus racemosus.
Phleum Bœhmeri.
—   *pratense* L.
—   *nodosum.*
Ceterach officinarum W.
Asplenium ruta—muraria L.
—   *fontanum* Bernh.
—   *adianthum—nigrum* L.

LISTE DES PLANTES

OBSERVÉES AUX ALENTOURS D' IGUALADA
POR D. Ramón Queral Gili,
ÉTUDIÉES ET PUBLIÉES PAR LE FRÈRE Sennen;
PRÉCÉDÉE DE LA LISTE DES PRINCIPALES
ESPÈCES ADVENTICES
NATURALISÉES AUTOUR DE BARCELONE

Dans les plantes que notre jeune confrère et élève au Collège de la Bonanova de Barcelone, nous a adressées durant les grandes vacances de 1915, nous en distingons deux qui méritent d' être soulignées.

L' une, **Rumex intermedius** DC. est nouvelle pour la flore de Catalogne, selon les témoignages de M. le Dr. D. Juan Cadevall, notre vénéré et cher Président; et de M. le Dr. D. Pío Font Quer, désireux de ne rien laisser passer de ce qui concerne la flore de son pays.

L' autre, **Euphorbia prostrata** est une espèce exotique, nouvelle non seulement pour la flore de Catalogne, mais encore pour la flore d' Espagne, selon les renseignements qu' a bien voulu nous donner M le Dr. A. Thellung de Zurich, dont des études antérieures sur les plantes introduites le rendent très compétent pour la détermination et la synonymie des espèces adventices. Voir Dr. A. Thellung, La Flore adventice de Montpellier, Cherbourg, Imprimerie Emile Le Maout, Janvier 1912, 728 pages.

Rumex intermedius DC.

Voici l' aire géographique de cette espèce: Péninsule ibérique et Baléares, Midi de la France, Ligurie, Algérie, Maroc. Elle est donc propre au bassin Méditerranéen occidental. Nous l' avons vu abondamment dans les départements français du Midi. Gautier, Cat. des plantes des Pyr.-Orles., l'indique par les Albères. Nous sommes á peu prés sûr de l' avoir vue

nous-même dans l'Ampourdan, coteaux de Vilarnadal et Masarach, S. Climent, collines de Llers et
Pont de Molins, Tarradas, S. Llorens de la Muga, etcétera, seulement, comme pour un certain nombre
d'autres espèces:

Thrincia tuberosa DC., *Taraxacum gymnan-
thum* DC., etc., nous croyions qu'elle avait été déjà
inventariée. Hno. Elías nous l'a également commu-
niquée des environs de Miranda de Ebro. Elle exis-
tera probablement autour de Tarragone et de Tor-
tose.

Euphorbia prostrata Ait.

Ce petit euphorbe rampant, assez semblable par
le facies général au *Chamœsyce* L., avec lequel il a
été confondu par plusieurs botanistes, a été trouvé
par notre jeune confrère sur la voie ferrée aux environs d'Igualada.

Il se distingue de l'espèce indigène ci-dessus
nommée par les arêtes des capsules ciliées.

' Cette espèce est indigène dans l'Amérique tropicale occidentale, plusieurs îles cotières et quelques
îles au Pacifique.

Jusqu'à présent elle avait été signalée adventice
et naturalisée dans la Grande Bretagne, en France,
en Italie, en Portugal.

Grâce à notre zélé confrère nous saurons qu'elle
est également naturalisée á Igualada de la province
de Barcelone. Voir Dr. A. Thellung l. c. p. 369.

ADVENTICES DES ALENTOURS DE BARCELONE OU D'AUTRES

LOCALITÉS DE CATALOGNE,

OBSERVÉES PAR LE FRE. SENNEN.

Brassica Willdenowii Boiss =*B. juncea* (L.)
Coss. ?

=*B. chenopodifolia* Sen. et Pau—in hb. et
ad amicos; spontané ou naturalisé dans les régions tro-
picales et subtropicales des deux hémisphères; sou-

vent adventice dans le reste de l' Europe, ordinairement introduit avec les blés de Russie.—Voir Dr. A.
Thellung, l. c. p. 265. Nous trouvâmes la plante á
Sigean (Aude) pour la première fois, il y a prés de 20
ans; puis en Catalogne à Pont de Molins et Vilarnadal; cette année abondamment par les sables de la
plage de Barcelone, entre le Camp de la Bota et le Besós; pendant les vacances entre Montlouis et la Co-
banassa, en Cerdagne. Il nous souvient aussi de
l' avoir vu aux bords de la carretera de Horta,
au-dessous de S. Genis.

Note. Nous ne croyons pas que le *Diplotaxis
virgata* DC. que nous avions trouvé par le Tibidabo, Barranco de Bellesguart, dans les sables granitiques d' une carrière, s' y maintienne.

Peganum Harmala L.—Can Tunis, décom-
bres.

Willkomm l' indique dans le Centre, l' Est et la
Midi de la Péninsule. L' espèce est rare en Catalogne.
Son aire géographique comprend la Sardaigne, la
Hongrie, Russie méridionale, Hongarie, Arabie, Afri-
que boréale.

Medicago arborea L.—Abondant dans le Ve-
dado de chasse du Marquis de Sentmenat, mêlé aux
Cistus et autres arbustes des maquis du Tibidado.

Melilotus messanensis (L.) All. — Plaine du
Llobregat dans les moissons.

Trigonella cærulea (L.) Ser. ssp. *T. sativa*
(Alef) Thell. Subspontané dans les jardins á Llivia,
Estavar, etc , où on le cultive comme plante médici-
nale.

Mesembryanthemum nodiflorum L. — Can
Tunis aux des murs et dans les décombres, où il est
abondant.

M. acinaciforme L. — Abondant sur plusieurs
points des sables du littoral: Can Tunis, Cambrils,
etc. souvent mêlé à *Aloe umbellata* DC.

M. cordifolium L. — Fréquent dans les haies
ou lieux vagues à S. Gervasio, la Bonanova, Sarriá,
etcétera.

Sedum dendroidum DC.—Sur plusieurs points des pentes orientales du Tibidado; Vallvidrera, San Gervasio, S. Genis, Horta, etc.; Tortosa par les vieux murs, talus des chemins —Originaire du Mexique.

Oxalis sp.—Dans les mêmes localités on trouve assez répandus plusieurs *Oxalis: O cernua* Thumbt. aux alentours du Laberinto; *O tetraphylla* Desf. fa. *triphylla*: La Bonanova, S Gervasio, Sarriá, et-cétera.; *O floribunda* Sehm., *O. violacea* Jacq., *O. gradiflora?*, à peu prés dans les mêmes lieux, mais moins fréquents.

Durieua hispanica Boiss — Très abondant par tout le vessant oriental du Tibidabo, surtout dans les sables granitiques de la région de Penitents.

Aster barcinonensis Sen.=? *A. squamatus* (Spr.), *A subulatus* Michx.—Très abondant dans les champs, prairies maritimes, fossés saumâtres des alentours de la Ricarda à Prat del Llobregat. Nous l' avons trouvé aussi à la Farola, vers l' embouchure du Llobregat. MM. Jules Devean et Dr. A. Thellung identifient ou à prés notre plante avec l' espèce amé-ricaine *A. subulatus=A. squamatus*.

Dans les mêmes localités et dans les marécages entre la Bota et le Besós, il convient de signaler **A. longicaulis** Duf., race de **A. tripolium** L

Tagetes minuta L.= *T. glandulifera* Schrank. —Sarriá, la Bonanova, S. Gervasio, etc. dans les to-rrents, les fossés, les décombres. — Originaire du Mexique.

Conyza sp.—Bien que ce genre ne présente que deux espèces dans notre flore, on peut dire qu' il y occupe une large place tant par sa large distribution que par les hybrides auxquels il donne naissance. L' espèce géante *C. Naudini* Bonnet=*C. altissima* Naudin foisonne dans les bonnes terres, les décom-bres, les fossés, les lieux vagues peu exposés á la sécheresse, depuis la plaine de l' Ampourdan jusqu' à Tarragona et au delà Le *C. ambigua* DC. vient encore plus abondamment et ne paraît pas craindre la sécheresse. Voici les hybrides connus de ces deux espèces, produits par des croisements réciproques, du résultant de leurs croisements avec *Erigeron canadense* L. et *E. coronopifolium* Sen.:

× *C. Flahaultiana=E. cadanense* × *C. ambigua* Sen.

× *C. Royana=C. Naudini* × *E. canadense* Sen.

× *C. Daveauana = C. Naudini* × *ambigua* Sen.

× *E. barcinonense=E. coronopifolium* × *C. ambigua* Sen.

Ce dernier peut être considéré aussi comme un.

× *C. barcinonense=C. ambigua* × *E. coronopifolium* Sen.

Notre **Erigeron coronopifolium** Sen. a feuilles plus on moins pinnatifides et à panicule très ample, noircissant un peu par la dessication, est peut-être aussi une espèce américaine introduite, mais depuis une date plus récente que *E. canadense* L., aujourd' hui répandu dans toute la France, toute l' Espagne, et probablement toute l' Europe.

Xanthium sp —Toutes nos espèces de ce genre peuvent être considérées comme d' origine américaine, bien qu' on ne soit pas absolument certain pour toutes. Le *X. spinosum* L est un des premiers acclimatés. Il fut signalé en Espagne dés le début du XVIIIe siècle. Thellung l. c p. 5o6.

Voici les espèces ou hybrides nouveaux et formes nouvelles bien répandus aux alentours de Barcelone: Can Tunis et plaine du Llobregat, y compris Prat del Llobregat; plaine du Besós, surtout le lit du Besós; sans doute aussi Gerona et plaine de l' Ampourdant:

X. orientale L =*X. canadense* Mill =*X. macrocarpum* DC.; *X. echinatum* Murray=*X italium* Moretti; *X strumarium* L. sensu lato, *X. fuscescens* lord; *X. barcinonense* Sen., X *Almerœ* Sen. (hybr?), *X. Faurœ* Sen. (hybr ?).

× *X. Sallentii=strum.* ×*barcinonense* Cad. et Sen.

× *X. hispanicum*=*X strum.* × *orientale* Sen.

× *X. catalaunicum*= *X. echinatum* × *orienta-*
le Sen

× *X. Basilei*= *X. orientale* × *echinatum* Sen.
vel *X. echinatum* var. *Basilei* Sen.

× *X Widderi*=*X strum.* × *echinatum* Sen.

Comme on le voit le genre *Xanthium* est riche-
ment représenté autour de Barcelone. Dans l' Ampourdan nous avons signalé un × *X. Vayredæ* Sen. à
fruits peu on points épineux de *X. strumarium* avec
des feuilles semblables au *X. italicum* Moretti.

Jasminum nudiflorum Lindley—Talus et haie
au dela de Sarriá, entre Pedralbes et Sans.—Originaire de la Chine.

Nous devons à M. Jules Daveau bien des déter-
minations de plantes exotiques ornementales ou adventices et naturalisées Nous sommes heureux de lui
donner un nouveau témoignage de notre affectueuse
reconnaissance.

Gomphocarpus fruticosus R. Br.—Très com-
mun par les pentes orientales granitiques du Tibidabo, depuis Pedralbes jusqu' à S. Genis, surtout dans
la région de Penitents.

Salvia Grahami Benth.—Originaire du Mexique.
Répandu aux alentours de Barcelone: Sans, Penitents;
S. Medí, S. Mateo de Premiá, etc.

Lippia nodiflora L.—Can Tunis, Prat del Llobregat. Tarragona var. *tarraconensis* Sen.

L. canescens H. B. K.—Sarriá.

Ces deux espèces ont été souvent confondues
quoique bien distinctes. Le *L. nodiflora* S. est longuement rampant, vert, à longs épis, croît dans les
lieux inondés ou très humides. Le *L. canescens*
H. B. K. est d' aspect cendré, a des tiges plus radicantes, plus courtes, vient par des lieux non humides.

Chenopodium ambrosioides L. var. *microphyl-*
lum, viridis, cinerascens — Partout: fossés, décombres, lieux vagues, etc.

Ch. multifidum L. (*Roubieva multifida* Moq.)

—Plaine du Llobregat, sur la rive ganche dans les champs, au–dessous de la voie ferrée.

Ch. glaucum L.—Abondant à Can Tunis, Sarriá, etcétera

Ch. striatum (Krasván) Murr.—Abondant autour du Port, Can Tunis, Besós, etc.

Suæda altissima Pall. var. **sessiliflora** Moq — Abonde à Can Tunis, Camp de la Bota et Besós. Aura, sans doute, été confondu avec le *S. maritima* Dum.

Echinopsilon reuterianus Boiss.—Très abondan à Can Tunis-et à la base de Monjuich;

Atriplex Tornabeni Tin.- Sables maritimes à Can Tunis, le Besós, Castelló de Ampurias.

A rosea L.—Camp de la Bota vers le Besós; Cerdagne entre Llivia et Angonstrina, Estavar.

Amarantus chlorostachys Willd. — Plaine du . Llobregat, Can Tunis, plaine du Besós, Premiá, Gavá, etc. mêlé souvent aux espèces vulgaires: *A. viridis* L., *A silvestris* Desf., *A deflexus* L.

A. spinosus L.—Can Tunis, rare.

A. blitoides S. Wattson, sous les variétés *Reverchoni* Uline et Bray, *densifolius* U. et Br., *Thellungii* Sen.—Port de Barcelone, Morrot, Can Tunis, sur la voie ferrée.

A muricatus Gillies.--Très abondant à Barcelone et aux alentours sur les voies ferrées et les terrains vagues, qui en sont littéralement couverts. Trouvée par nous à Benicarló en 1908, à Tarragona et Sagunto l' année d' après, cette espèce doit s' être répandue déjà dans un grand nombre de gares du littoral: Triana! Premiá! Figueras! etc., etc.

A Tarragona l' hybride suivant croît en compagnie des deux espèces qui lui donnent naissance: × *A. tarraconensis=A. muricatus × deflexus* Sen. et Pau. Cet hybride se trouvera selon toute probabilité, partout où les deux especes vivent ensemble.

Urtica membranacea Poir. var. **subinermis** Sen, forme presque, depourvu de poils.—Rues de Pont de Molins.

U. membranacea Poir. var. **horrida** Guss.—
Alentours de Figueras.

Le type, croyons-nous, est abondant à Sarriá vers
Sano, à Pedralbes, par le massif du Tibidabo, chemin
de Santa Creu autour de la casa Mayol.

Euphorbia serpens H. B. K. et var. **radicans**
Boies. Terrains vagues du Port de Barcelone, Morrot,
Can Tunis. Observée depuis plusieurs années Doit
être nouveau pour la flore d' Espagne. A rapprocher
de l' *E. prostrata* Ait. d' Igualada, découvert par
notre zélé confrère Ramón Queralt.

Panicum distichum (L.) ssp. *P. paspalodes*
Michx=*Panicum vaginatum* Gr. Godr.—Grami-
née très abondante dans le Midi de la France, et également fort répandu en Catalogne: Ampourdan, environs de Barcelone, etc. A la Farola du Llobregat
se trouve une forme plus petite à épillets très diver-
gents var. *longipes* Lge.

P. colonum L.=*Echinochloa colona* Link -Très
abondant dans la plaine du Llobregat et du Besós,
Ampourdan, littoral de Tarragona, Tortosa, Castellón de la Plana, etc.

Phalaris sp.—Depuis la frontière jusqu' à Tortosa on trouve plus ou moins les espèces suivantes:
P. canariensis L., *P. minor* Retz, *P. brachysta-
chys* Link, *P. paradoxa* L., *P. præmorsa* Lamk.

Peut-être pourrait-on considérer comme introduites quelques espèces des genres: *Phleum, Sclero-
poa, Cutandia, Catapodium, Desmazeria, Kœle-
ria,* que l' on trouve dans les sables maritimes et
ailleurs.

Sporobolus indicus (L.) K. Br.=*S. tenacissimus* (L. fil.) Pal.=*Vilfa tenacissima* Humboldt.
Boupland, Kunth. —Espèce très abondante dans l'
Ampourdan, sur les deux rives de la Muga dans les
prairies, les pelouses, les sables, depuis Pont de Molins et Vilarnadal jusqu' à Rosas; Gerona, terrains
vagues entre la gare et la ville, et probablement
abondant aux alentours, car la plante se répaud vite
à cause de ses nombreuses graines, et ne disparaît

que par extirpation après qu' elle a été introduite
quelque part. Autour de Barcelone on la trouve à Can
Tunis et sur les bords du Besós

Certains auteurs identifient les *S. iudicus* (L.) et
S. tenacissimus (L. fil). D' autres les considèrent
comme deux espèces distinctes Faut-il s' en étonner?
Peut-on s' en scandaliser?

Pas le moins du monde, mais, au contraire, reconnaître combien il est parfois difficile à la science
d'élucider certains points, et aussi rejeter de son esprit cette opinion exagérée qu' un savant ne peut pas
se tromper si s' est vraiment se tromper et non pas
plutôt ignorer, que de donner un nom à une plante
déjà baptisée. Combien de fois cela est-il arrivé depuis
Linné!

Et Linné lui-même n' a-t-il pas baptisé deux fois
une même plante? Donc si un anteur se trompe, n' en
soyons pas surpris. S' il ignore, étonnons-nous encore moins, car on ne peut tout savoir et on n'a ni les
moyens ni le temps de tout examiner ni de tout lire.
La science, le domaine de la science est si vaste! et
l' homme est si petit! les jours de l' homme sont si
courts!

Eleusine tristachya (Lamk.) Kunth=*E. barcinonensis* Costa.—Notons d' abord que la plante barcelonaise n' ayant que des épis, le vocable spécifique
tristachya (trois épis) ne peut lui convenir. Il faut
donc créer un vocable de variété *distachya* ou considérer le nom de Costa comme désignant une forme
barcelonaise localisée de l' espèce américaine (*Am. S.
extratrop.*)—Abondante à Can Tunis surtout aux
alentours du vieil Arsenal; Camp de la Bota; Pedralbes vers la Font del Llaó.

Schismus barbatus (L.) Thellung=*S. calvci-
nus* Duv.-Jouve=*S. marginatus* Pal. (P. B.)—Très
abondant aux alentours de Barcelone sur les chemins
et les terrains vagues: Sarriá, La Bonanova, S. Gervasio, Horta, Can Tunis, Castelldeféls, Ampourdan
sur plusieurs points: S. Climent, Rosas, Castelló de
Ampurias, etc.

Pennisetum longistylum Hoschst =*P. villo-sum* R. Br.?—Très abondant, par les terrains vagues surtout des deux côtés de la Avenida du Tibidabo, Sagrada Familia, etc.

Originaire de l' Abyssinie. Espèce échappée des jardins.

Arisarum simorrhinum DR.—Espèce des plus curieuses, connue depuis plusieurs années des éboulis gréseux de Ntra. Sra. de Brugués prés de Gavá, ou l' ont signalée MM. les Drs. Cadevall et Llenas. Il y a au moins trois ans que nous le découvrîmes dans le Barranco de S. Cipriano, Massif du Tibidabo Il y est abondant. Et nous avons eu le plaiser, en des occasions différentes, d' y accompagner C. Vicioso et le Dr. Pio Font Quer. C' est une plante oranaise, au même titre que *Ampelodesmos tenax* Link très abondant par les collines de Gavá, de Castelldeféls, et qui arrive jusqu' à Barcelone dans plusieurs barrancos du versant oriental du Tibidabo.

Nous arrêtons la liste des adventices aux alentours de Barcelone et en Catalogne, tout en confessant qu' il y aura des omissions, car il ne nous a pas été possible de consulter toutes nos notes ni nos nombreux matériaux d' herbier. Ainsi nous avons omis quelques noms qui nous reviennent maintenant à la mémoire: *Heliotropium curassavicum* L. de Can Tunis, plages de l' Ampourdan; *Ballota hirsuta* Benth.; *B. hispanica* Neck de Monjuich; *Jussieua grandiflora* Michx des marécages du Besós; *Trisetum neglectum* K. et Sch. des alentours de Sarriá; etcétera.

———

Revenons aux plantes de notre jeune et laborieux élève d' Igualada, devenu aujourd'hui notre confrère en se faisant inscrire dans notre société. Durant l' année académique 1914-915 il récolta aux alentours de Barcelone les plantes qui représentent le mieux les

familles végétales ou offrent quelque intérêt plus par-
ticulier d' utilité ou d' agrément. Aux vacances de
Pâques il rapporta de sa localité les premières espèces
que ressuscite le printemps; et aux grandes vacances
de juillet à octobre il continua ses récoltes beaucoup
plus considérables des espèces estivales et automnales.
A mesure qu' il avait un certain nombre d' espèces
nouvelles, il nous les communiquait par la poste,
gardant par devers lui des doubles portant.les mêmes
numéros que ceux que nous recevions. Il nous suf-
fisait alors de lui adresser la liste des noms botani-
ques correspondant aux numéros gardés. Le procédé
nous paraît avantageux et rapide, et nous nous permettons de le recommander à ceux qui désirent se
faire déterminer des échantilloux qu' ils possèdent en
double.

Mais encore quelle utilité peut-on trouver dans
cette colection des végétaux de son pays effectuée par
un adolescent, tandis que la plupart de ceux de son
âge passaient ou perdaient leur temps et peut-être la
fleur de leur joie, de leur idéal, de leur jeunesse, à de
tout autres distractions?

Cette occupation, ce passe-temps, pourrait-on dire,
n' aurait-il servi qu' à donner un exercice hygié-
nique à son activité, une innocente poésie à son enthousiasme, ouvrir un champ de découvertes à sa
curiosité, qu'il y aurait lieu d' aplaudir, de louer, d'
encourager, de favoriser ces goûts pour l' étude des
œuvres de la nature.

Sans doute que le jeune homme aura évité les
dégoûts de l' oisiveté et la pesanteur de l' ennui, qu'
il aura bénéficié amplement des avantages hygiéni-
ques, intellectuels, moraux, récréatifs des promena-
des à travers la campagne agreste. Nous nous plaisons
à publier aussi, comme nous l' avons déjà annoncédès
le debut de cette note, que ses courses ont été utiles à
la science et qu' elles ont enrichi la flore de Catalogne

de deux espèces végétales nouvelles: *Rumex intermedius* DC. et *Euphorbia prostrata* Ait.

Il ne nous reste plus qu' à ajouteur la liste des
plantes qui nous ont eté soumises. Cette liste a été
dressée par notre jeune confrère lui-même, en suivant l' ordre du Catalogue de Costa. (1)

Barcelone, Collège de la Bonanova, le 25 janvier 1916.

---

(1) Se ha puesto anteriormente.

¡RECOGED MINERALES!

Este es el título de una obrita original del P. Joaquin M.ª de Barnola, de la Compañía de Jesús, que contiene las instrucciones prácticas para la recolección, preparación y conservación de minerales y fósiles.

Consta la obrita de cinco capítulos y un suplemento. El primer capítulo lo dedica el autor a indicar los sitios donde es fácil encontrar buenos ejemplares de minerales y rocas, tales como los cortes de barrancos, los escarpes de los valles, los derrumbaderos de riberas, los descargaderos de mineral, las escombreras de las minas, excavaciones, canteras, etcétera; poniendo de manifiesto la conveniencia de examinar bien los ejemplares de minerales y rocas con el objeto de no confundirlos, dada la existencia de múltiples especies que tienen su causa principal en el metamorfismo. Dice el autor que la época mejor para las excursiones es la primavera y el otoño. Los sitios donde es más fácil encontrar fósiles, dice, son las rocas calizas y arcillosas, las canteras, las capas de las pizarras, bancos de arena, etc. y que no sólo deben de conservarse los restos petrificados de los seres, ni solamente sus huellas orgánicas, sino también las fisiológicas, o sea los vestigios de la actividad vital de los seres que las produjeron, como son los agujeros producidos en las rocas, las perforaciones, las estelas, pisadas, etc.

El segundo capítulo está dedicado a la descripción y empleo de los útiles e instrumentos para las excursiones geológicas.

El tercero contiene indicaciones sobre la recolección y embalaje de los ejemplares, indicando la forma en que deben arrancarse los minerales y fósiles para obtener el mayor valor en unos y otros y la mayor belleza y más completa uniformidad de la colección. Si el mineral tiene ganga conviene arrancarlo con ella; si es roca, hay que procurar que los cortes sean lisos en todas direcciones, siendo conveniente que en una de sus caras aparezcan los efectos de la alteración o descomposición producida por los agentes exteriores. También pone de manifiesto el P. Barnola los muchos cuidados que deben guardarse para el embalaje de los minerales y fósiles cuando hay que transportarlos, con el fin de que no se deterioren.

Después, en el cuarto capítulo, trata el autor de la colección, su clasificación y conservación. Dice conviene colocar al lado del mineral en bruto las principales transformaciones o modificaciones que sufren. Clasificar los ejemplares según los datos que de ellos se tengan, pero procurando siempre sean lo más numerosos posibles. La conservación de esta clase de colecciones es sumamente fácil, pues casi se reduce solamente a preservarlos del polvo y la humedad, pues hay algunos que por ser eflorescentes o delicuescentes se estropean notablemente.

El quinto y último capítulo trata del estudio y determinación de los ejemplares por medio de los caracteres organolépticos, geométricos, físicos y químicos. Por los primeros se distinguen el cloruro sódico, sulfato magnésico, las arcillas, etc. Los segundos, los ofrecen los minerales cristalizados, siendo muchas veces suficientes para la determinación de la especie. Los físicos también son muy importantes, pues, el peso específico, dureza, doble refracción, coloración, etc., son datos suficientes en algunos casos para nuestro objeto. Pero los caracteres químicos son indudablemente los más seguros y a los que casi siempre hay que recurrir.

Y el suplemento lo dedica el autor a generalidades acerca de los estudios espeleológicos y prehistóricos.

En resumen; ¡RECOGED MINERALES! del Padre Joaquín M.ª de Barnola es obra muy útil e instructiva para todos los aficionados a esta clase de estudios, que es cuanto se puede pedir y desear de toda obra.

A. C.

MISCELÁNEA

LOS PIOJOS

===

Entre los más despreciables y despreciados insectos y aun asquerosos y aborrecidos, ocupan un lugar preferente los piojos.

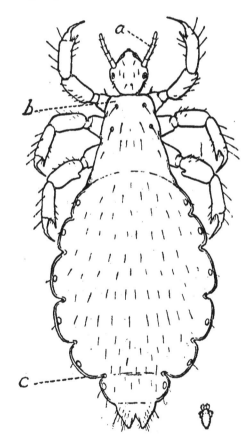

Fig. 1.ª Piojo de los vestidos, hembra (aumento 20 veces; al lado, de tamaño natural); *a*, antenas; *b*, protórax; *c*, articulación de los segmentos del abdomen.

Sin embargo, estos repugnantes insectos merecen nuestra atención y especialmente en estas circunstancias. Sabido es que en las guerras, y en general donde hay aglomeración de gente con poca limpieza, se multiplican prodigiosamente. En algunos ejércitos que pelean actualmente en Europa abundan de un modo increíble, y en un opúsculo reciente del Sr. Cummings (1) del Museo de Londres, del cual tomamos estos datos, se consigna lo propio del ejército inglés en la guerra del Transvaal y en la actual europea.

Hay muchas especies de piojos. Todos ellos son parásitos de diversos animales mamíferos, desde el elefante hasta la musaraña El chimpancé posee uno llamado *Pediculus Schäffi* Fahrenholz.

En el hombre viven tres especies de piojos: *Pediculus capitis* De Geer, *Pediculus humanus* L. y *Phthirius pubis* L. El último, llamado vulgarmente *ladilla*, se distingue facilmente de los otros dos por su cuerpo ancho, y más ancho por delante que por detrás, ocurriendo lo contrario en las otras dos especies (figuras 1 y 2).

Ambas especies se han hallado a veces en otros animales, y en el Museo de Londres hay ejemplares cogidos en monos, gatos, perros y cerdos.

Los llamados piojuelos de las aves o de gallina, no pertenecen a este grupo, sino a otro orden de insectos.

El color de los piojos varía según el de la piel del huésped que lo alimenta. En nuestros países son blancos, en el oeste del Africa son enteramente negros.

El piojo de los vestidos (fig. 1) se distingue del de la cabeza (fig. 2) por su tamaño mayor, de color ceniciento, siendo incoloro el de la cabeza; ítem los ángulos posteriores de los segmentos del abdomen más redondeados, senos de los mismos menos profundos, y otros caracteres menos visibles a simple vista.

La *vida* y *costumbres* de los piojos se han estudiado bien en los laboratorios. Desde luego es inexacto

---

(1) The Louse and its relation to disease, its life-history and habits and how to deal with it, by Bruce F. Commings. London, 1915.

lo que se ha divulgado de su rapidísima multiplica-
ción, asegurando que un piojo puede ser abuelo a las
48 horas.

El huevo se llama *liendre* cuando es del piojo de
la cabeza (fig. 3). La hembra lo sujeta fuertemente a
un cabello por medio de una substancia aglutinante.
El huevo del piojo de los vestidos se fija a un hilo o
brizna del vestido interior. Del huevo sale la larva

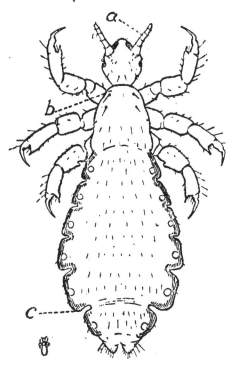

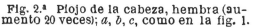

Fig. 2.ª Piojo de la cabeza, hembra (aumento 20 veces); *a, b, c,* como en la fig. 1.

Fig. 3.ª Liendre o
huevo del piojo de
la cabeza (aumen-
to 40 veces) *a,* subs-
tancia aglutinante.

en tiempo variable, de 8 días a 5 semanas, según la
temperatura y otras circunstancias. En su crecimiento
verifica tres mudas de piel, con intervalos de unos
cuatro o cinco días, y en estado adulto puede el macho
vivir unos 3 meses y la hembra cuatro, depositando
4 ó 5 huevos diariamente.

Si el *daño* producido por los piojos se redujese a
las molestias de su picadura, fuera tolerable. Pero
sus consecuencias son de mucho mayor trascendencia.

A entrambas especies se les atribuye la propagación del tifus, y se cree que el virus tifoideo es hereditario en el piojo, siendo trasmitido de una generación a otra por el huevo. Se les atribuye asimismo la infección de la fiebre intermitente de Europa, como también de la fiebre intermitente del Norte de Africa, por la inoculación de unos microorganismos conocídos con el nombre de *Spiroschaudinnia*. Parece que la manera de infección es debida a la irritación que produce la picadura del piojo, la cual estimula a rascar y a aplastar el piojo, produciendo al mismo tiempo una raedura de la piel que facilita la inoculación; por consiguiente, debe evitarse el rascar la parte irritada. Es de creer que el tifus se propague de la misma manera, aunque también puede propagarse por simple picadura.

Está además averiguado que el tifus exantemático, que diezmó las tropas de Servia, fué propagado por el piojo de los vestidos, probablemente también por el de la cabeza.

De lo cual se deduce la grande importancia que tiene para la salud pública el exterminio de estos molestos huéspedes del hombre. Muchas pomadas y unturas se han preconizado al efecto. Lo más eficaz es la continua limpieza, frecuente cambio de vestidos y desinfección inmediata de los contaminados.

L. N., s. j. [1]

---

(1) Artículo y clisés tomados de la revista «Ibérica» con beneplácito de su Director.

CRÓNICA CIENTÍFICA

ENERO y FEBRERO

ESPAÑA

BARCELONA.—La Real Academia de Ciencias y Artes con el fin de estimular entre los principiantes el cultivo de los diferentes conocimientos objeto de su institución ha acordado ofrecer diez premios de 200 pesetas cada uno a los mejores trabajos que se presenten, en castellano, hasta el día 11 de Septiembre próximo. Los pertenecientes a Ciencias Naturales son:

4. Génesis de los hidratos de carbono en el organismo vegetal.

5. Estudio de los lagos y lagunas de Cataluña y y su utilización para la Agricultura e Industria.

7. Distribución geográfica de las Coníferas en Cataluña.

8. El aparato de la visión en la serie animal.

MADRID.—Para Presidente de la Real Sociedad Española de Historia Natural ha sido elegido D. José M.ª Dusmet.

— Durante el año 1915 el número de nacimientos en la capital de España ha sido de 16.946 y el de defunciones de 15.410, lo cual da una proporción de 27'16 por 1.000 en los nacimientos y 24'70 en las defunciones. De los fallecidos los 5.372 fueron menores de cinco años y los 3.990 de más de sesenta. En 1915 murieron 903 individuos menos que en 1914. La mortalidad acusa un notable descenso en relación con la del año anterior, y la natalidad ha sido la mayor del último decenio.

Oña (Burgos).—Por una Real Orden del Ministerio de Instrucción Pública se ha autorizado al P. Miguel Gutiérrez, S. J. y a D. Eduardo Pacheco, catedrático de la Facultad de Ciencias en la Universidad Central, para efectuar trabajos de carácter paleontológico y prehistórico en una caverna descubierta por el P. Gutiérrez en el término municipal de Barcina de los Montes, junto al río Penches (Burgos). Los objetos que se encuentren en las excavaciones pasarán a ser propiedad del Estado, para formar parte de las colecciones del Museo de Historia Natural, pudiendo retirar los Sres. P. Gutiérrez y Hernández Pacheco los objetos duplicados, que se depositarán en el Colegio de Oña.

Zaragoza.—Leemos con gusto en «Nature» de Londres del 27 de Enero de 1916, p. 602, un elogio del último trabajo publicado en nuestro boletín por el Sr. Stuart-Menteath. Citaremos algunas de sus frases: «It is highly probable that in many points of detail he can correct the maps and sections of those who have made sweeping surveys of the chain. The twelfth part of his descriptions of the «Gisements métallifères des Pyrénées Occidentales» has appeared in the *Boletín de la Sociedad Aragonesa de Ciencias Naturales*, and is chiefly concerned with retention in the Cretacious system of beds placed by Prof. Termier as Silarian, and the extension of the Cretaceous zones in areas recently mapped as Palæozoic.» Cita asimismo otro estudio del mismo autor «La nueva Geología de los Pirineos de Aragón», *Mem. del primer Congreso de Naturalistas Españoles*, 1909.»

EXTRANJERO

EUROPA

AUVERNIA. — La Flora de la Auvernia es el título de un volumen cuyo autor es el H. Heriberto José.

BANYULS-SUR-MER (Pireneos Orientales, Francia) —El Sr. Chopard refiere un caso notable de la vitalidad de *Mantis religiosa*. Para estudiar las piezas bucales el día 2 de Noviembre cortó la cabeza a un ejemplar ♀ verde, que dejó sobre la mesa de trabajo. Al día siguiente la encontró viva entre los frascos en la posición normal; en particular observó que si se la molestaba se defendía alargando las patas delanteras y levantando los élitros. El 6 de Noviembre, cuatro días después de la decapitación, la *Mantis* depositó su ooteca que fabricó en tres horas de la misma manera que en su estado normal, habiendo escogido como punto de apoyo una caja que se hallaba sobre la mesa. Siguió viviendo a pesar del agotamiento que todo esto supone y sólo falleció el 21 de Noviembre.

BERLÍN.—Fallece el Dr. Pablo Soraver, Profesor

en la Universidad. Desde 1868 se había distinguido por sus libros y articulos sobre las enfermedades de las plantas de cultivo. Su obra "Fisiología popular de las plantas" (Pflanzenphysiologie) fue traducida al inglés por Weiss. En 1891 fundó la Revista de las enfermedades de las plantas (Zeitschrift für Planzenkrankheiten), cuyo cargo de editor ocupó hasta la muerte. Por medio de ella y de sus diferentes artículos y por las sucesivas ediciones de su Manual (Handbuch) ha ejercido una notable influencia en el mundo científico por lo que respecta a la fitopatologia.

FRANCIA.—En una de las sesiones de la Academia de Ciencias de París el Presidente D. Gastón Darboux hace notar que buen número de los hombres de ciencia (14 individuos), en gran parte jóvenes, a quienes la Academia otorgó algún premio el año pasado, han muerto en el campo de batalla en defensa de la patria. Menciona los nombres, con expresión de las batallas y fechas en que murieron.

— Según leemos en el boletín de la Sociedad entomológica de Francia 10 de sus individuos han sucumbido en la campaña de 1914-1915. En cambio algunos entomólogos belgas refugiados en Francia han reforzado las filas de la sociedad, la cual consta de 488 individuos, 164 de los cuales son vitalicios.

LONDRES.—Se ha juzgado conveniente cerrar temporalmente varios museos de la grande urbe, entre ellos el British Museum, Museo de Historia Natural, Museo de Ciencias, Museo Geológico, etc.

.— El Dr. A. Holmes utiliza el estudio de los minerales radio-activos para medir la duración de los tiempos geológicos. Sus cálculos le conducen a cifras bastante elevadas. Varias intrusiones del Carbonífero y Devónico arguyen, según él, la duración de 300 a 400 millones de años, y para las intrusiones graniticas del Precámbrico medio deduce unos 11000 a 1.200 millones de años.

MANS.—Mgr. Léveillé publica un Diccionario inventario de la flora de Francia. Enumera todas las especies y razas reconocidas en aquella región. Sigue el orden alfabético y hace referencia a las principales floras existentes.

NÁPOLES.—A fin de atender al regular funcionamiento de la Estación Biológica el Gobierno ha creado una comisión de la que es Presidente el Profesor Monticelli, la cual ha de cuidar de proveerla de los medios financieros necesarios para el desarrollo de sus actividades y en especial para cumplir sus compromisos para con los que ocupan mesas de trabajo.

PARÍS.—El P. de Joannis ha sido elegido, por segunda vez, Presidente de la Sociedad entomológica de Francia. El mismo había sido propuesto en terna con el Sr. Bouvier como honorario francés en substitución de Fabre. Por votación fue elegido el Sr. Bouvier por 46 votos, obteniendo 18 de los 22 restantes el P. de Joannis.

— La misma Sociedad entomológica de Francia ha comprado por 4.000 francos la colección Alberto Cheux, de Lepidópteros exóticos.

PETROGRADO.—El 11 de Febrero fallece el Dr. Paulov, Profesor de Fisiología en la Universidad.

ZURICH.—Por un acuerdo entre la Sociedad de Historia Natural y la Biblioteca central, esta última se encarga de lo concerniente a los cambios de dicha Sociedad. La correspondencia, lo mismo que antes, debe dirigirse al Prof. Dr. Hanz Schinz, Botanischer Garten, Zurich.

ASIA

CHINA.—En las Notas del Jardín botánico de Edimburgo el Dr. Bayley Balfour describe nada menos que 5o especies del género *Primula*. Añadidas a las que ya se conocían de aquella región resulta la China occidental el país más rico del mundo en este género de plantas.

— Las Labiadas de China están estudiadas y puestas en clave dicotómica por el Sr. Dunn, merced al enorme material de que dispone el Jardín botánico de Kew. El autor ha hecho pasar a la sinonima buen número de las que se decían especies autónomas.

ÁFRICA

CONGO.—Según la revista americana «Museum Journal» la presente guerra no será menos perniciosa a los indígenas de Africa que a los europeos mismos, por la propagación sin límites de la enfermedad del sueño, para atajar la cual no se dispone de medios.

SEYCHELAS.—La colección de Apterigotos (Colémbolos y Tisanuros) hecha por la expedición Percy Sladen ha sido estudiada por el Sr. Carpenter, de Dublín. Comprende 13 especies de Colémbolos y 18 de Tisanuros. Como hasta ahora no se habian citado más que tres especies, muchas de ellas son nuevas. Tres notables Maquílidos se incluyen en un nuevo género. La presencia del género *Lepidocampa* en las islas Seychelas es de considerable interés geográfico, pues junto con otros géneros de Colémbolos

indica notables afinidades con la fauna malaya e ín-
dica, al paso que otras delatan entera semejanza con
la africana.

AMÉRICA

ISLAS CORONADO (Méjico).—Con ocasión de una
corta excursión de dos horas que el Sr. Cockerell
hizo a la South Island, la mayor de las Coronados, al
S. E. de San Diego de California (E. U.), da una idea
de la flora y fauna de aquellas pequeñas islas roco-
sas, cumbres de montes sumergidos. Las plantas han
sido poco estudiadas, mas entre ellas citase una Mal-
vácea peculiar de ellas, *Lavatera (Saviniona) insu-
laris* Watson y un helecho muy abundante, *Pellœa
andromedœfolia* Kaulf. Los vertebrados han sido
bien estudiados; cuéntase un mamífero exclusivo de
la isla de Todos Santos, *Pteromyscus maniculatus*.
Cítanse 22 aves, una de las cuales *Melospiza coro-
natorum* es propia de las islas. Nueve especies de
reptiles. Entre los Insectos hay notables especies de
Dipteros. El autor capturó siete especies de Himenópteros Apidos, tres de ellas nuevas para la ciencia.
Un molusco muy abundante *Micrarionta stearn-
siana* es frecuente en toda la Baja California.

EL SALVADOR.—Por iniciativa del Dr. Peccorini y
de los Sres. Masferrer y Uriarte, se ha fundado en la
capital salvadoreña un centro científico que tiene por
objeto estudiar las cuestiones geográficas, arqueoló-
gicas, etnográficas e históricas del Salvador. Tiene
por nombre «Sociedad de estudios geográficos y ame-
ricanista de El Salvador», y la forman los más conocidos hombres de ciencia de aquella república. Por

unanimidad fue nombrado Director de la nueva Sociedad el Dr. Santiago J. Barberena. La Sociedad cuenta ya con trabajos originales que publicará en una revista.

WASHINGTON.—El anuario de la Institución Carnegie para 1915 forma un grueso volumen de 429 páginas. Entre otras cosas se ve en él el balance de los fondos de que dispone la Institución, que llegan a 2.331.300 libras esterlinas y los gastos que ha verificado. Lo empleado solamente en sostener los varios departamentos sube a 141.463 libras esterlinas. Desde 1902 ha publicado 299 volúmenes, formando un total de 79.000 páginas de impresión.

L. N.

Tip. F. Gambón, Canfranc, 3 y Valencia, 2.--Zaragoza.

Tomo XV   Mayo de 1916   Núm. 5

BOLETÍN

DE LA

SOCIEDAD ARAGONESA DE CIENCIAS NATURALES

COMUNICACIONES

Comunicado sobre Lathyrus aphaca L.

POR D. MANUEL NASARRE

Dedicado con alguna atención al estudio de la flora de Sena (Huesca), he tenido la posibilidad de observar algunos curiosos ejemplares, acerca de los cuales, y por indicación de los PP. Barnola y Navás, nuestros muy ilustres consocios, creo conveniente dar alguna idea, que juzgamos de interés para los que se dedican a estudios botánicos.

He hallado un ejemplar de *Lathyrus aphaca* L. que presentaba la anomalía de no tener ningún zarcillo y en su lugar aparecían pecíolos terminados por filodios, dando a la planta un aspecto muy diferente del tipo normal.

Si el ejemplar a que me refiero hubiera tenido zarcillos y filodios, pudiera atribuirse la formación de éstos a que algunos zarcillos faltos de contacto no pudieron principiar a arrollarse, dando con ello lugar a un desarrollo excesivo de parénquina que afectó la forma laminar de los filodios; pero como en dicha planta no había ningún zarcillo a pesar de tener algunos pecíolos en contacto íntimo con órganos de plantas vecinas y aun de ella misma, es preciso atribuir la existencia de filodios a otra causa. En otros ejemplares se pueden ver zarcillos completamente aislados, que se han desarrollado como tales zarcillos, formando las espirales sobre sí mismos sin necesidad de estar en contacto con algún cuerpo.

Me limito a exponer el hecho sin tratar de explicar la causa, por si puede servir de dato para algún estudio.

Y dado que se hubiese de dar nombre a esta anomalia propongo para ello el de ab. *phyllodiosa*.

Lérida, 9 Enero 1916.

RECTIFICACIÓN

He leído la «Nota sobre Sinonimia de Hemípteros Homópteros» de la p. 25 de este Boletín y creo que no ha lugar a la substitución; pues, aunque los dos nombres, el de Curtis y el de Gray, sean lo mismo etimológicamente considerados, no se escriben lo mismo, sino que Curtis escribe *Megopthalmus* y Gray *Megalopthalmus*.

Pozuelo de Calatrava.

JOSÉ MARÍA DE LA FUENTE, PBRO.

Lathyrus aphaca L. ab. *phyllodiosa* Nas.

LAS ESTEPAS DE ESPAÑA Y SU VEGETACIÓN

POR EL DR. D. EDUARDO REYES PRÓSPER

A pesar de haber transcurrido un quinquenio desde su publicación, casi diríamos que aun estábamos saboreando la incomparable producción del doctísimo Catedrático de la Universidad Central: "Las Carofitas de España"; cuando viene a sorprendernos agradabilísimamente otra publicación suya, de mayor vuelo y más vasta amplitud, de la cual pudo aquélla ser fundamento parcial, y que nos proponemos analizar sumariamente, si bien, digámoslo sin embozo, con una cortedad e insuficiencia, que sentiríamos pudiese redundar en desdoro o depreciación de la obra del gran maestro botánico, nuestro afectísimo amigo, el Dr. D. Eduardo Reyes Prósper.

Pretender esbozar, aun a grandes rasgos, la nueva publicación del autor de «Las Carofitas de España», es empresa tan temeraria como sería la de un principiante que tratase de trasladar al lienzo las mas complicadas y artísticas producciones de Velázquez o Murillo. ¡Cualquiera se mete en tal aprieto! Y con todo fuerza es raspar la mohosa péñola y aguzar el perezoso ingenio, para transmitir los conceptos que éste produzca al delicado papel, que se encargue de difundirlos y vulgarizarlos.

El estudio particularizado de las regiones esteparias no es de hoy, aunque merced a los enormes adelantos realizados estos últimos años en fisiología y geografía botánicas, hase encauzado por derroteros rigurosamente científicos y cimentado sobre fundamentos sólidamente técnicos. No son ya solas las *especies esteparias* las que hay que descubrir, sino particularmente las condiciones *edáficas*, (del suelo), *xerofílicas* e *hipsométricas*, que la biología de ellas reclama, así como las aplicaciones de todo género a que se prestan. De esta suerte consideradas forman capítulo importante en los tratados especiales de la ciencia botánica que estudia la distribución de los vegetales en la tierra, y juegan importante papel en los *estudios florísticos* de las plantas en las diversas regiones del globo.

Este método, altamente didáctico, es el seguido por el Dr. Reyes Prósper al describir «las estepas de España y su vegetación».

— a —

Después de un prólogo, genial como su autor, lleno de atinadas observaciones que merecerían una seria meditación, rebosante del más vivo patriotismo; avalorado por las nobles expresiones de la más pura y desinteresada gratitud, que extiende a todos los colaboradores, desde el regio Mecenas, a quien «como iniciador y protector de los estudios esteparios españoles» *se dedica la obra en que se condensan no pocas fatigas de alma y cuerpo*, hasta los populares guías que se citan de los terrenos esteparios; comienza el autor su labor científica estableciendo la difinición y generalidades de las estepas.

Habla de las estepas salinas caracterizadas por la presencia de las plantas *halófilas*, que en lo conocido hasta el día en España ocupan una extensión superficial de más de 72.000 km. cuadrados; en ellas viven también plantas *gipsófilas*; establece la clasificación botánica de las estepas en estepas de *salsoláceas* y *plumbagináceas*; estepas de labiadas, *tomillares*, 1500 según denominación aceptada aun en la literatura científica extranjera, y estepas *espartarias* o de gramináceas. Cita los primeros estudios completos de las estepas españolas debidas al sajón Mauricio Willkomm, al que con sobrado título afirma que se debe considerar como uno de los botánicos españoles más distinguidos. Hace la crítica de la principal obra que dedicó al estudio de nuestras estepas en el hermoso libro: «Las regiones de las costas y las estepas de la Península ibérica», que vio la luz pública en 1852, en el cual se dedican más de cien páginas a las estepas salinas de nuestra patria. Cita las 11 estepas enumeradas y descritas por el ilustre profesor de la Universidad alemana de Praga. Aunque tiene algunas inexactitudes, particularmente geográficas, y otras deficiencias «ocasionadas por falta de observaciones..... pues el mismo sabio autor confiesa noblemente *no haber recorrido algunas estepas*»; a pesar de ello, los trabajos de Willkomm sobre terrenos esteparios, que continuó posteriormente a la publicación de la obra mencionada, contienen preciosos documentos que deberá consultar quien en adelante pretenda especializarse en el conocimiento ulterior y más completo de las estepas de nuestra patria. Siendo muy de lamentar que Engler y Drude al incluir (1896) en su obra «La vegetación del globo», el trabajo póstumo de Willkomm «La distribución de la vegetación en la península ibero–lusitánica», fruto de cincuenta y un años de labor no interrumpída; lo acompañaran de «un mapita mezquino, *no dibujado por el autor*, mapita que no *concuerda* con el texto de dicha obra, y en el cual existen disparatados e incomprensibles errores», contrahaciendo lastimosamente el mapa dibujado y publicado por el propio Willkomm en 1852. Catorce son las estepas que enumera, a las que en 1894 añade un anejo, y prevé con exactitud maravillosa las conexiones entre «las estepas que apenas conocía».

Con posterioridad a las publicaciones de Willkomm apenas si puede citarse trabajo alguno de cuenta y original sobre las formaciones esteparias del suelo patrio, con excepción de las 36 páginas que a las estepas y plantas esteparias dedica el «Instituto Geográfico y Estadístico», en la *Reseña Geográfica y Estadística de España*, tomo I, publicado en 1912. Acompañan a esta parte del trabajo un mapa geográfico–botánico en que van diseñadas las estepas

SOCIEDAD ARAGONESA

españolas, aunque con lamentables, y algunas incomprensibles, omisiones como la de la estepa catalana, descrita botánica y geográficamente *dieciséis
años antes* por el ilustre autor del *Prodomus Floræ Hispanicæ*, la de Guadajoz (Andalucía), que
describió y dibujó *más de medio siglo* antes, la
valisoletana, la leonesa (zamorana) ... . Aun con tales deficiencias la labor del «Instituto» es altamente
meritoria.

Apoyado en los datos aportados por el eminente
profeṣor de la Universidad de Praga y las investigaciones personales llevadas a cabo con una asiduidad
y constancia asombrosas en un período de más de
veinte años, consagrados además de la tarea de las
clases a correrías verificadas por una gran parte de
las estepas del suelo patrio, y a laborioso reconocímiento en el sedentario retiro del laboratorio de las
plantas durante aquellas recogidas; emprende la enumeración de las estepas, indicación de su posición,
localidades que comprenden y extensión superficial
aproximada que abarcan; circunscribiendo con todo
su estudio a las estepas propiamente *salinas,* de las
que añade más de 4.000 km. cuadr. a las ya conocídas por el Dr. Willkomm.

Las que se conocen hasta el día son las siguientes,
según el computo y orden en que las enumera el
Dr. Reyes Prósper:

1. *Estepa catalana.* «Casi toda corresponde a
la provincia de Lérida y una mínima parte a la de
Barcelona»; en ésta está enclavada «la magnífica localidad de Cardona, cuyos cerros de sal son conocidísimos en todo el mundo». Abarca más de 4.500 kilómetros cuadr.

2. *Estepa ibérica*, o aragonesa, tiene casi toda
la extensión de su inmenso territorio enclavada en
las provincias de Aragón, atravesada de Oeste a Este
por el Ebro, y que se interna una parte de su porción occidental en Navarra; uno de cuyos fragmentos, el que comprende los suelos salinos de Valtierra
y Caparroso, es particularmente típico.

3. *Estepa de Gallocanta y Calatayud*, primer anejo de la estepa ibérica, presenta la notable laguna salada de Chiprana, que con su cuenca puede servir de tipo de estepa salada, mereciendo además especial mención el desierto de Calanda.

4. *Estepa de Salinas de Medinaceli y Molina de Aragón*, segundo anejo de la estepa ibérica, incluída entre las ibérica y central, que penetra en las provincias de Soria y Guadalajara; presenta como uno de los puntos más notables por su vegetación halófila las cercanías de Alhama de Aragón.

Las estepas ibérica con sus anejos y la catalana componen una región continua de más de 20.000 kilómetros cuadrados.

5. *Estepas valisoletanas.* Son tres las estudíadas en la provincia de Valladolid; una oriental, con respecto a la capital, extendida desde Laguna de Duero, dividida en dos zonas por dicho río, dos occidentales, de las cuales una enclavada entre Valladolid y Medina de Rioseco puede considerarse como septentrional, como occidental la otra, atravesada por los Eresma, Iscar y Mejeces. Lo estudiado hasta el presente de estas estepas, pues hay claros indicios de que sean tres importantes núcleos de una gran estepa, ocupa una extensión total que pasa de 3.500 kilómetros cuadrados.

6. *Estepa zamorana.* Es la que denominóWillkomm *leonesa*, pero que por estar toda ella enclavada en la provincia de Zamora, con justa exactitud le ha trocado el nombre el gran botánico, cuya obra vamos analizando.

7. *Estepa central.* La enorme estepa central hase denominado, aunque harto impropiamente, de Castilla la Nueva, siendo así que abarca extensos territorios de las provincias de Guadalajara, Madrid, Cuenca, Toledo, Ciudad Real, Albacete, y una pequeña porción de la de Valencia. Dentro de esta extensión esteparia, que llega a 23.000 km. cuadrados, merecen especial mención los cerros esteparios e inagotables salinas de Belinchón, los curiosísimos *calveros*

y *rubiales* (1) de Tarancón, Huete, las históricas
Saelices y Uclés, Minglanilla con su famosa salina,
Belmonte, Pozo amargo,..... contándose las minas de
sal y pozos salados por centenares en la porción con-
quense de la estepa central; en Albacete, la Balsa de
Vés, El Salobral, Fuentealbilla, las famosas lagunas
de Riudera, Chinchilla, una de las porciones más
despobladas de la provincia; en la de la capital «imperial», el Toboso, inmortalizado por Cervantes y
tan visitado por turistas extranjeros, Villacañas y
Quero, «tan típicamente salinas que quien no las co-
nozca puede decirse que ignora las modalidades biológicas de las estepas salinas de España», la soberbia
laguna del Taray, las de Salobral, Larga, del Tirez,
y tantas y tantas otras que enojosamente continuaría-
mos, y que al recorrerlas se creería uno trasladado a
los bordes de marismas costeras; pero no debe omi-
tirse el *mar* de Ontígola de la porción esteparia matritense, hay que recordar Vaciamadrid con su manantial salino y vegetación halófila y gipsófila, Ciempozuelos, Tielmes, con sus viviendas prehistóricas y
una flora esteparia de primer orden, Loeches y Ca-
rabaña con sus renombrados manantiales de reputa-
das virtudes terapeúticas, Cerro negro y Aranjuez,
que con el mar de Ontígola, ya citado, puede considerarse como la síntesis de la vegetación esteparia de
la provincia de Madrid; la parte correspondiente a la
de Valencia comprende el valle de Cofrentes con
Jalance y Jarfuel; finalmente el «ojo de Mari Sánchez», más una gran extensión no citada hasta ahora,
donde se asientan la población de Ciudad Real, Mi-
guelturra, Pozuelo y Torralba de Calatrava, Daimiel
y Villarrubia de los ojos en la provincia de Ciudad
Real.

8. *Estepa valenciana,* de que acabamos de
ocuparnos, considerada como anejo de la central.

9. *Estepa oriental de Jaén* (Mancha Real). Es

---

(1) Denomínanse vulgarmente *calveros* los suelos y montículos
esteparios en que dominan la caliza, yeso, arcillas y margas de colores blanco o gris claro; si colores rojos, amarillos o rojizos, *rubiales·*

la que antes (1852) se tuvo como única de Jaén, posteriormente Willkomm (1894) le daba mayor amplitud, demarcándola con los límites: margen inferior del Guadalquivir al N.; cauce del Guadalbullón al E. y el del Guadiana menor al O., estando luego en contacto con la Estepa oriental granadina. El doctor Reyes Prósper le añade algunas porciones: Cabra del Santo Cristo a Carchelejo, Huesca e Hinojares, y desde este punto al Guadalentín. La Estepa oriental gienense es, como su hermana occidental, modelo de estepas salinas, surcadas todas ellas por ríos, arroyos y barrancos salinos, no escaseando depósitos que desde tiempo inmemorial vienen suministrando sal común en abundancia; siempre especialmente digna de mención la charca y salinas de Brujuelo, que dan origen al arroyo del mismo nombre. Es frecuente encontrar los márgenes de los arroyos poblados de una vegetación tan eminentemente halófila, como las de cualquier salobral o marisma.

10. *Estepa occidental de Jaén.* Esta región esteparia no se había citado hasta la fecha en ningún estudio geográfico-botánico de la península. Su descubridor le asigna, en los que de ella lleva investigado, los siguientes límites: al N. la orilla meridional del Guadalquivir; al O. el río salado de Porcuna; al E· el río Guadalbullón y al S. la cuenca del Río Víboras. Los nombres vulgares de gran parte de los ríos y riachuelos de esta región indican los caracteres específicos de sus aguas y de la región donde nacen y que riegan. Los más importantes son el Salado de Lopera y Porcuna y el de Arjona, éste con 40 km. de curso, aquel con 50; el arroyo Saladillo casi paralelo al camino de Porcuna a Torredonjimeno, el arroyo Amarguillo, Sosa y barranco de las Salinas, el de las salinas de Escobar, el de la salinilla, salinas de S. José, arroyo salado de Las Piedras,..... La Estepa occidental mide más de 1.700 km. cuadrados, la oriental sólo 1.000.

11. *Estepa bética oriental.* Tanto ésta como la occidental eran las regiones esteparias españolas

más imperfectamente conocidas de Willkomm, pues según propia confesión eran poquísimas las localidades que de ellas conocía. Puede establecerse que el cauce del Genil constituye el límite entre ambas Estepas béticas, aunque sus floras, clima y suelo poseen tanta semejanza que no se andaría desacertado en considerarlas como una sola. Son notables la laguna Zoñar, próxima a Aguilar, Valenzuela con su arroyo Salado, Castro del Río, Albedín, Guadalcázar, Ecija.....

12. *Estepa bética occidental* (Bajo-andaluza de la orilla izquierda del Genil). En la renombrada Osuna hay las grandes lagunas de Calderón y Ruiz Sánchez y otras menos importantes pero más saladas como las de la Sal, La Ballestera y las occidentales o *bodones*, de gran extensión y escaso fondo que se desecan en primavera y verano; en Morón de la Frontera hay abundantes salinas y *macalubas* o volcanes fangosos, de los cuales tres son activos, lanzando por su cráter agua fangosa salina con gases hediondos. En la provincia de Málaga existe la gran laguna de Fuente de Piedra, notabilísima por su flora y aspectos fenológicos; y en toda la región esteparia numerosas corrientes saladas, con este apelativo unas, sin él otras, pero no por eso menos ricas en sal. Según el autor en las provincias de Málaga, Cádiz y aun en las de Sevilla podrían encontrarse muchísimas localidades esteparias salinas, con que se extendería el área de las dos Estepas béticas, que suma en lo hasta hoy conocido más de 8.000 kilómetros cuadrados.

13. *Estepa granadina oriental* (Alto-andaluza de Guadix). Comprende un extenso perímetro que comunica por la cuenca del Guadiana menor con la oriental gienense, por las del río Almería y Almanzora y por Cúllar de Baza y Chirivel, con la región almeriense de la Estepa litoral, al paso que con la murciana de la misma por Puebla de D. Fadrique, Húescar hacia Caravaca. Son típicos por demás los cerros cónicos que se corren entre Guadix y Benalúa

y Diezma, donde por efecto de la denudación simu-
lan sus vertientes edificios con ventanas, puertas y
columnas, diríase labradas por mano del hombre.
Toda la región esteparia de Guadix es una verdadera
joya para el naturalista, el historiador y el artista.

14. *Estepa granadina occidental* (Alto an-
daluza de Cacín). Llamada también de Malá y Cacín,
comprende regiones de las más genuinamente este-
pario-salinas de nuestra patria, presentando su *facies* más típica en los cerros de la Malá a Cacín, la
hondonada en que se asienta aquella villa y sus salinas. La vegetación es halófila esteparia en su más
completa acepción, escasa y achaparrada; la tierra
gris o blanquecina, así en los cerros como en los lla-
nos; el suelo y el aire secos; los márgenes y cuencas
de los escasos arroyos cubiertos de una costra blanca
que la incesante evaporación deposita por sedimento
de las sales en las aguas contenidas. El área conocí-
da del conjunto de las estepas granadinas es de más
de 3 000 km cuadrados.

15. *Estepa litoral.* Es de contornos irregulares
y se compone de partes en tal manera heterogéneas,
que a las veces es preciso que el suelo y la flora nos
delaten la presencia de estepa salina. Deben considerarse en ella tres partes: *Estepa litoral de Almería*
(oriental almeriense), la meseta de Sorbas, los caminos de Vera a Garrucha y Mojácar y las marismas
entre Vera y Garrucha son particularmente dignos
de estudio; 2.º *Estepa litoral Murciana*, región
inmensa que se enlaza con la central; conocidas son
las localidades de Fortuna con sus aguas salino-ter-
males y su próxima rambla salada, S. Pedro del Pi-
natar, S. Javier y El Algar, La Unión, Totana con
sus saladares, Lorca, Alcantarilla, Mula, Bullas,
Cehegín y Caravaca, internándose en la provincia de
Albacete, la laguna salada de Pétrola, Agramón en
cuyas cercanías el río Mundo aparece poblado en
cierta extensión por carofitas, Pozo-Cañada, He-
llín.....; 3.º *Estepa litoral alicantina.* Desde la
Punta del Gato a Altea toda la porción de costa es

estcparia, internándose hasta Elda y Monóvar, donde existen varios cerros salinos, Albatera con un manantial y marismas fuertemente salinos, Crevillente, Orihuela con una flora curiosísima, el Pinoso con el gran cerro de sal denominado El Cabezo, cuya circunferencia basal mide unos 15 km., bloque gigantesco de sal cubierto de yeso. Salinas con su laguna, Busot con sus aguas termo–saladas, S. Miguel, Torrevieja con sus famosas salinas, más la próxima de La Mata, Dolores, Catral, Elche con su renombrado palmeral, Santa Pola....., ocupa ella sola 2.800 km. cuadrados.

16. *Estepa litoral de Adra y Dalías* (Occidental de Almería). Puede considerarse como un anejo de la Litoral. Conocida de Willkomm, si bien imperfectamente, pues colocaba a Dalias junto al mar, del que dista 8 km., tiene como puntos importantes las salinas que se extienden desde Punta Elena a Punta Encinas, Berja, Dalías, Roquetas y Vicar, comprendiendo lo explorado hoy algo más de 260 kilómetros cuadrados.

El Dr. Reyes Prósper al establecer la demarcación de las Estepas, tal como las divide, asigna además con la mayor escrupulosidad los terrenos geológicos sobre que se asientan las localidades que él cita, de las cuales ordinariamente sólo hemos indicado una mínima parte; expone minuciosamente la hidrografía de las comarcas; indica algunas particularidades fenológicas; menta algunas observaciones éticas y folklóricas (v. gr. al tratar del Toboso, de la Estepa murciana.....); esparce sentimientos del más puro patriotismo; cita la actuación e iniciativa de algunos propietarios que se dedican a la mejora de sus suelos antes estériles e improductivos.

— b —

Establecida la división de las estepas salinas de España, situación, localidades y extensión aproximada cada una de ellas; pasa nuestro autor a estudiar *los suelos esteparios*. La característica de su composición es la carencia absuluta, o poco menos, de mantillo, enorme predominio de cal, otras sales calizas, sódicas, potásicas o magnésicas, presencia constante de cloruro sódico, junto con escasez de humedad en la capa superficial.

Por los accidentes de la superficie puede el suelo ser sensiblemente llano, estar constituído por una serie de cerros más o menos elevados, o presentar una combinación de cerros y llanuras. Ya tratamos de lo que se entiende vulgarmente por *calveros* y *rubiales*, que ya presentan una vegetación propia con «un carácter fenológico definido», ya tienen especies comunes a entrambos, aunque presentando formas diversas, según las clases de terrenos.

Geológicamente la mayor parte de las estepas pertenecen a sedimentos terciarios, pero las hay también sobre depósitos triásicos, diluviales y más raramente cretácicos.

Para completar el conocimiento de la composición de los suelos esteparios aduce los análisis físico y químico de localidades típicas escogidas entre la mayoría de los terrenos esteparios anteriormente expuestos, al docto Catedrático y Director de la Escuela Industrial, Dr. D. Ramiro Suárez (1), y que se refieren a muestras de tierras recogidas por el propio autor de «Las Estepas de España».

El estudio comparativo de dichos análisis nos ha proporcionado los siguientes datos interesantes, desde el máximum al minimum de substancias encontradas, referidas a 1.000 partes:

Nitrógeno ..   0'09—Torrejoncillo del Rey (Cuenca)
               1'47—Cacín (Est. granadina)

Ahídrido fos- 0'02—Torrejoncillo del Rey
fórico ....   1'38—de Vera a Mojácar (Almería)

Potasa. . . , 0'46—c. Perdigones (Almería)
               15'33—Laguna de Peñahueca (Toledo)

(1) «Análisis químico de las plantas esteparias de España.»

Cal . . . . . . $\left\{\begin{array}{l} 3\ 54\text{—entre Guadix y Diezma (Est. gran.)} \\ 354`81\text{—entre Torrevieja y S. Pedro del Pinatar (Alicante)} \end{array}\right.$

Magnesia. . . $\left\{\begin{array}{l} 0`49\text{—entre Torrevieja y S. Pedro del Pinatar (Alicante)} \\ 18`76\text{—entre Guadix y Diezma (Est. granad.)} \end{array}\right.$

Hierro. . . . . $\left\{\begin{array}{l} 1`35\ \text{Torrejoncillo del Rey (Cuenca)} \\ 50`13\text{—entre Vera y Sorbas (Almería)} \end{array}\right.$

Humus. , : . . $\left\{\ 7`0\text{—Aranjuez (Madrid)}\right.$

— c —

A estas notas, áridas si se quiere para la mayoría de los lectores, siguen unas pocas páginas dedicadas a «los trogloditas esteparios». Tal vez causará extrañeza enterarse de que después de tantos siglos como nos separan de la época prehistórica se hable de trogloditas, como de un hecho actual. Y sin embargo a poco que se haya viajado por nuestra patria se habrá visto que no es tan raro el hecho de que en los terrenos esteparios «gran número de los habitantes pobres, y aun algo pudientes» moren como muchos de los aborígenes en cuevas por ellos construídas y aun profesan «predilección por esta especie de viviendas».

Cítanse varias clases de construcciones de esta índole, especificándose las curiosísimas de los cerros de Guadix, de que una hermosa figura (la 25) da cabal idea. Trátase de paso del carácter ético de los habitantes de los terrenos esteparios, haciendo el autor una ingeniosa digresión sobre el hidalgo y su escudero, a quien nuestro inmortal Cervantes dió por cuna un lugar de la Mancha, de cuyo nombre *no quería acordarse,* «acaso porque se acordaba siempre de él».

— d —

El capítulo siguiente, o tratado, (pues nuestro genial bibliografiado no da nombre particular a las

divisiones que establece de la materia que tan magis-
tralmente trata), viene dedicado a las lagunás, manantiales, ríos, riachuelos y arroyos salinos de las
estepas, señala sus dimensiones y comunicaciones,
cita algunas de las plantas más típicas de muchas de
ellas, asigna su importancia, deteniéndose más particularmente en las más notables, no sólo de las más
vulgarmente conocidas, como las de Gallocanta,
Chiprana, mar de Ontígola, Riudera....., sino también en otras casi ignoradas como la de Piedra Hue-
ca, Fuente de Piedra, Zoñar....., que «debieran
atraer la atención no sólo de los hombres de ciencia
y de los pintores, sino de todos los turistas cultos de
nuesta patria». Tales son los encantos estéticos que
encierran ya su vegetación, ya sus márgenes, ya su
grandiosidad, ya los paisajes contiguos o en que se
hallan enclavadas. Ameniza este conjunto de instruc-
tivos datos intercalando algunas leyendas y particularidades folklóricas, como la del Pozo Airón o Mar
de Chá, del Pozo nuevo de Quero. Finalmente apun-
ta las aplicaciones industriales y terapeúticas de las
aguas esteparias.

Pasa luego el autor a examinar la «influencia de
la sequedad de los suelos y climas esteparios en las
morfología externa e interna de las plantas». Y no
contento con fiarse de lo que sobre este particular
aducen los tratadistas modernos de *fisiología vegetal*, especialmente en los medios de defensa que las
modificaciones epidérmicas proporcionan a las plantas de regiones secas y climas extremos, en unión de
los cambios operados por las mismas causas en los
tejidos internos de los vegetales; ha experimentado
unas y otros en varias especies sembradas y cultiva-
das por él mismo en medios gradualmente húmedos,
comparándolas con las recogidas en plena estepa y
y analizando además microscópicamente el resultado
de sus experimentaciones. Dicho «estudio microscó-
pico de las plantas esteparias, debe ser la base del
análisis químico, imprescindible para el conocimiento de las aplicaciones de dichas plantas como forraje-

ras»; utilización ésta tan atendible por la cantidad e intensidad de principios nutritivos que algunas plantas esteparias poseen, que para expresarlas los pastores esteparios aseguran, sin creer que incurran en hipérbole, que «*hay campos donde el ganado engorda con sólo lamer el suelo.*»

Sobre el clima de las estepas españolas en particular aduce varios datos, sobre temperaturas máximas y mínimas distanciadísimas en un mismo día y localidad y en distintas épocas, cantidad de lluvia y condiciones de caída, y otras que acompañan a este hidrometeoro.

— f —

Lo que antecede que ocupa la mitad del volumen que venimos analizando (302 páginas), es como preámbulo de la segunda parte, que claramente se enuncia en su epígrafe: «Las estepas de España y su *vegetación*». Esta parte, que fuera de la demarcación precisa de las estepas españolas, es fitológicamente considerada la más importante del libro, comprende otras tres, de que nos ocuparemos por separado.

La primera, que nosotros denominaremos *Flora esteparia española*, y que el Dr. Reyes Prósper agrupa en lo que él llama «generalidades», comprende la enumeración de las especies moradoras de nuestras estepas. Dicho de un modo general las plantas que viven en las estepas, define como esteparias «aquellas especies, variedades o formas que moran exclusivamente en las estepas, o las que, si en algún caso viven fuera de ellas, la mayor parte o casi totalidad de su área de dispersión la alcanzan en las estepas, y es en los suelos esteparios donde son mucho más abundantes». Aunque se fija particularmente en las especies que son «comunes a todas las regiones de las estepas salinas españolas», las cita también peculiares a una sola, o a varias, reservando para monografías, análogas a la de «Carofitas de España», las que tiene descubiertas en nuestra Flora esteparia.

Cita 4 *Caráceas*, 4 *Gimnospermas Gnetáceas*, 116 *Monocotiledóneas* pertenecientes a 8 familias, y 800 *Dicotiledóneas* distribuídas en 25. En conjunto: 824 especies, siendo así que el autor no se propuso más que dar un vistazo general sobre la vegetación de la Flora esteparia española, indicando de paso en la mayor parte de los géneros las muchísimas especies que ésta abarca, ya que no es su intento presentar el catálogo completo, ni mucho menos, de las mismas. Así por vía de ejemplo, en el género *Astragalus* advierte que se encuentran más de 25 especies, 30 del gén. *Trifolium*, cerca 30 *Statice*, 20 *Thymus*, 40 *Teucrium*,..... Uno de los puntos más interesantes del trabajo del Dr. Reyes en esta parte es la colección portentosa de nombres vulgares que acompañan a todas las especies citadas primariamente, y a muchas de las citadas en segundo lugar. Su número supone una labor pacientísima en recogerlos y anotarlos, pues dichos nombres son todos ellos típicos y como se entienden en fitografia, no la traducción literal del nombre científico, como se ve en algunas Floras.

— g —

La segunda parte del estudio de la *vegetación* esteparia, está consagrada a las «*formaciones vegetales esteparias*». Sabido es cuánta importancia se da hoy en Geografía botánica al conocimiento de las agrupaciones de determinadas plantas como para prestarse apoyo en una vida mancomunada a fin de hacer frente a los embates de los agentes exteriores en la lucha por la existencia. No podía pues faltar aquí un tratadito destinado a este estudio concreto. Con la desenvoltura de estilo característica de nuestro bibliografiado propone las formaciones típicas de nuestras estepas, comenzando por exponer de qué modo «el bosque queda convertido en la estepa salina», cuando por cualquiera causa desaparecen del suelo los árboles que constituían aquél. Habla de las *formaciones esteparias culturales*, de los *pára-*

mos o *parameras* con sus diversas clases según el predominio de éstas o aquellas especies, de donde resultan los *pinares, espartales, carrizales, cañotales, cañaverales, marciegales, juncales, campos de juncia, espadañales, palmares, esparragales, jonsales, mimbrerales, sargales, choperas, alcornocales, quejigares, encinales, coscojares, marañales, saladares, jabunales, alcaparrales,* *retamares, aliagales, retamosos, chucarrales, tarayales, tomillares, salviares, romerales, cantuesares, espliegares*, constituídos por especies espontáneas, y los *palmares, almendrales, viñedos, parrales,* y *olivares*, debidos al cultivo, constituyendo en tal caso las formaciones culturales esteparias; si bien las hay de las primeras que pueden ser debidas al trabajo del hombre.

En todos los grupos citados se extiende más o menos ampliamente el autor, citando las especies que acompañan a las típicas de cada formación, con datos estadísticos al tratar de las formaciones culturales y entremezclando con la maestría que le es propia notas científicas, históricas, folklóricas y patrióticas. Termina esta parte, que es de las que se leerán con más gusto por los técnicos, probando «con cuán **injusta inexactitud** se llama *estériles* a los suelos esteparios», cuya flora al igual de la general de nuestra patria «posee más especies endémicas que la de otras naciones», para cuyo estudio «muchos eminentes botánicos han visitado y visitan el suelo ibérico.»

— h —

Como remate del estudio de la *vegetación esteparia*, viene un capítulo destinado a reseñar las aplicaciones de que son y de que podrían ser objeto las plantas de las estepas En esta parte, que es la última del notable trabajo que reseñamos, se pueden apreciar tantos tratados, cuantas son las aplicaciones que se citan de las plantas estéparias; que sólo diseñaremos a grandes rasgos, para no alargar demasiado esta nota.

1) «La mayoría de las plantas espontáneas de las estepas salinas son «forrajeras»; por la importancia de esta aplicación es sin duda porque se extiende más en ella que en las restantes que desarrolla el doctor Reyes Prósper. Para comprobar la aserción estampada aduce el análisis de 25 plantas esteparias, hecho por el distinguido catedrático de Química y director de la Escuela industrial, Dr. D. Ramiro Suárez. Aquéllas pertenecen a las familias más diversas, *Gramináceas, Liliáceas, Salsoláceas. Papaveráceas Cruciferáceas, Papilionáceas, Zigofiláceas, Rubiáceas, Ambrosiáceas* y *Compuestáceas*, escogidas a su vez de entre las localidades más distantes de la mayoría de las estepas establecidas. Asignase en cada análisis: a) la composición cuantitativa en forma de cenizas y sílice, más la materia orgánica; b) la proteína bruta, grasa bruta, celulosa bruta y principios amiláceos; y c) las substancias digestibles; *proteicas*, que pueden descender a 2'65 («Anthyllis cytisoides») y llegar a 20'44 («Conringia orientalis»), *principios amidados* en aquéllas contenidos, de 0'73 («Brachypodium pinnatum») a 19'05 («Conrigia orientalis»); *grasa* de 0,96 («Moricandia arvensis») a 7'63 («Xanthium strumarium»); *celulosa* de 6'05 («Moricandia arvensis») a 20'20 «Salsola vermiculata»); y finalmente *almidón* y *azúcar* de 1'71 (Athyllis cytisoides») a 17,60 («Glaucium corniculatum»). Además se añade la clase de ganados que apetecen dichas especies, ya en libertad, ya en estabulación; datos recogidos, así como los nombres vulgares, muchos de ellos, inéditos hasta la fecha, que no los cita el autor sin que, «no lo haya oído varias veces a diversos pastores esteparios».

Acompañan a estos ya por sí solos valiosos datos, una porción de observaciones atinadas, como la cantidad extraordinaria de materias proteicas contenidas en la «Conringia orientalis» Andr., a pesar de darse en terrenos desprovistos casi totalmente de nitrógeno;

la causa de la extinción de algunas forrajeras indige-
nas españolas de primer orden; la traza de algunos
pastores viejos para propagar algunas de ellas; la ad-
vertencia de las que los ganados pastan previa preparación; la defensa por *mimetismo* en unas como
muchos «Orchis» y «Ophrys», (bocado selecto para
el ganado), por asociación en otras a matas tupidas o
plantas espinosas; la utilización de las cortezas del
«almez», del «muérdago».....

2) Siguen en orden de importancia las *aplicaciones industriales* de las plantas esteparias, de las
que enumera el autor el empleo como abono de las
carofitas, que desconocido anteriormente se comienza a aplicar desde que él lo preconizó en su importante obra sobre aquellas algas; lo propio agrega con
relación a otras especies, utilizadas en dicho concepto
ya en seco, ya después de incineradas; cita la utilidad
industrial del *esparto* y del *albardín,* de la *caña* y
carrizos, la industria de las *plantas barrilleras,*
que al decir del eminente botánico D. Mariano de
Lagasca «había producido más millones a España
que las más preciadas minas del Nuevo Mundo»; el
condimento proporcionado por los botones florales y
los frutos del *alcaparro*; el alimento que proporcionan los frutos de algunos *majuelos, frambuesas,
moras, escaramujos;* las *jaboneras* y *gazules*
útiles para el lavado; las *acederillas* para quitar
manchas, los *chitanes* y algunas *jaras* para obtener
perfumes, muchas labiadas para extraer esencias; la
velesa y los *gordolobos* para la pesca fraudalenta
por envenenamiento; el *zumaque* como curtiente; el
regaliz para el extracto del mismo nombre: la *achi-
coria amarga* para mezclar con el café; el *almirón*
para extraer el *ajonje*; la *pulicaria* como insectici-
ca; el *cardo lechal* para cuajar la leche.....

3) «Un libro voluminoso podría escribirse con
las aplicaciones que en la Medicina popular tienen las
plantas de las estepas». Someramente indica el autor
«el valor terapeútico de algunos vegetales esteparios»,
que así y todo es imposible reunir aquí, ni siquiera

compendiariamente. Para hacerlo nos veríamos obligados a transcribir renglones o párrafos enteros, porque al citar la especie y sus virtudes terapeúticas se indica simultáneamente la parte o partes empleadas y el modo de su aplicación. Son ocho las páginas consagradas a esta materia interesante por demás, lo cual pone de relieve el Dr. Reyes Prósper recordando la frase del cultísimo Dr. Saffray, quien afirma que «debieran estudiarse nuevamente, con los recursos de la ciencia actual, las virtudes curativas de muchos vegetales que sin razón *han pasado de moda*».

4) Finalmente dedica la última parte de su tratado a las *plantas esteparias de adorno* Reducirlas a un breve catálogo sería empresa que adolecería de los inconvenientes que hemos pretendido salvar no citando las especies medicinales. Indicaremos no obstante las que nos parezcan más desconocidas o de más fácil y gallarda aplicación en el ornato de nuestros jardines. Tales son la *meleagria* y el *jacinto leonado*, la *macuca* y el *lirio de Jaén*, con las *abejeras*..., entre las plantas bulbosas; las *aristoloquias* con sus acandiladas flores, la delicada *nudosilla*, las *palomillas* y los *astrágalos* de flores tupidas, la denominada por el geopónico, general Casanova, *reina de las plantas esteparias*, la *algaida*, incomparable por la belleza y profusión de sus doradas flores, los *chitanes*, la purpurácea *hierba pincel*, la violada *velesa*, los *alfeñiques y asperones*, el bellísimo *sauzgatillo*, las azules *siemprejuntas* o globularias. ...

— i —

Como conclusión aduce el Dr. Reyes Prósper los datos que le han servido para la ejecución de su obra, cuales son: las observaciones y material recogido en más de 800 excursiones y 200 localidades, estudiando las plantas esteparias en su *habitat* peculiar; los ejemplares de su herbario y los de otros 15 distinguidos botánicos; sus notas diarias de viaje; las obras de 131 autores, más las publicaciones de la Junta

Consultiva Agronómica, Instituto Geográfica y Estadístico e Instituto Geológico.

Sigue el mapa de las estepas de España, donde pueden apreciarse así la extensión de las descritas como sus relaciones, y finalmente los índices.

La presentación de la obra en su parte editorial, sumamente esmerada, es del todo análoga a la obra del autor a que desde un comienzo hicimos referencia «Las Carofitas de España».

Cuanto se diga para ponderar la importancia de la obra del Dr. Reyes será pálido reflejo ante la realidad, que sabrán apreciar los técnicos, de los cuales recibirá indudablemente los más justos plácemes, como sabemos los tiene recibidos de notabilidades científicas extranjeras, a los cuales juntamos los nuestros cordialísimos.

Sarriá-Barcelona, Enero-Febrero 1916.

JOAQUÍN M.ª DE BARNOLA S. J.

CRÓNICA CIENTÍFICA

ABRIL

ESPAÑA

BARCELONA.—D. Luis M.º Vidal, académico de la Real Academia de Ciencias y Artes y ex-Presidente de la misma ha hecho donación para la biblioteca de aquella corporación de buena parte de su biblioteca, la relativa a Ciencias Naturales. La Academia agradecida trata de gestionar que el monarca otorgue al generoso donante la gran cruz de Alfonso XII, ya informada favorablemente por el Consejo de Instrucción Pública.

— Para el semestre de Primavera el *Institut d' Estudis Catalans* y el Consejo de Pedagogía, bajo los auspicios de la Diputación provincial de Barcelona ha organizado tres series de cursos monográficos. La

tercera de Ciencias biológicas comprende cuatro temas: El mecanismo en Biología y el hecho biológico
puro, por D. A. Pi Suñer, miembro del *Institut,*
Estudios de morfología botánica, por D. A. Caballero,
Catedrático de la Universidad; Estudios de morfología zoológica por D. M. Cazurro, Catedrático en el
Instituto; Oceanografía catalana, resultados de la campaña de 1915, por D. J. Maluquer, Ingeniero.

MADRID.—Celebróse con gran solemnidad el XL
aniversario de la fundación de la Real Sociedad Geográfica. A los fundadores supervivientes confirióseles
el título de socios honorarios.

— El arte rupestre en España es el título de una
memoria publicada por D. Juan Cabré con un prólogo del Excmo. Sr. Marqués de Cerralbo, ambas cosas
elogiadas efusivamente en la revista Ibérica por el
P. Jaime Pujiula S. J. Es estudio de conjunto de las
pinturas, grabados o estilizaciones prehistóricas descubiertas en las regiones septentrional y oriental de
España, nación la más favorecida en esta clase de
monumentos, pues cuenta ella sola más yacimientos
prehistóricos de arte rupestre que el resto de Europa.

La obra está profusamente ilustrada; pues además
de las 104 figuras del texto, lleva intercaladas 31 láminas, parte de ellas en color o policromadas, imi-
tando el color natural que tenían las figuras en sus
respectivos yacimientos.

VICH.—Por Octubre de 1915 el Rdo. D. José Co-
lomer, Pbro. cogió un pinzón (*Fringilla cœlebs* L.)
que en una pata llevaba un anillo de aluminio con la
inscripción «Comité ornitológico de Moscou.» Según
carta del Secretario de dicho Comité D. Félix Wisen-
bergue se le puso el anillo el 21 de Mayo de 1914 en
el pueblo de Bauttcheikovo, gobierno de Witebsk; la
distancia que separa esta localidad de Barcelona es de
2.330 kilómetros.

ZARAGOZA.—El 27 de Marzo se constituyó con carácter privado por el momento la «Academia de Ciencias exactas, físico-químicas y naturales de Zaragoza.»
Consta de tres secciones, expresadas en su título; cada

una podrá tener 10 académicos y otros tantos corresponsales, tanto nacionales como extranjeros. Los numerarios de cada sección son siete en la actualidad; en la sección de Ciencias Naturales figuran los siguientes:

D. Pedro Ayerbe.
» Juan Bastero.
» Jesús M.ª Bellido.
» Pedro Ferrando.
R. P. Longinos Navás, S. J.
D. Pedro Ramón y Cajal.
» Cayetano Úbeda.

La Junta Directiva de la Academia elegida en la sesión de su fundación quedó constituida en la siguiente forma:

Presidente. D. Zoel García de Galdeano.
Vicepresidente. D. Cayetano Úbeda.
Tesorero. D Juan Bastero.
Bibliotecario. D. Graciano Silván.
Secretario perpetuo. D. Manuel Martínez Risco Macías.

La Academia celebra sesión ordinaria el primer lunes dé cada mes y en la de Abril eligiéronse los cargos de las secciones, siendo los de Ciencias Naturales:

Presidente. R. P. Longinos Navás, S. J.
Vicepresidente. D. Pedro Ayerbe.
Secretario. D. Jesús M.ª Bellido.

La misma sección propuso para académicos corresponsales nacionales los siguientes señores, que fueron admitidos en la sesión general:

D. Santiago Ramón y Cajal.
» Alfonso Benavent.
R. P. Joaquín M.ª de Barnola, S J.

L. N.

(Continuará)

Tip. F. Gambón, Canfranc, 3 y Valencia, 2.--Zaragoza.

Tomo XV · Junio y Julio de 1916 · Núms. 6 y 7

BOLETÍN

DE LA

SOCIEDAD ARAGONESA DE CIENCIAS NATURALES

SECCIÓN OFICIAL

SESIÓN DEL 5 DE ABRIL DE 1916

Presidencia de D. Pedro Ferrando

Con asistencia de los Sres. Bellido, Gómez Pou, P. Navás, Pueyo y Vargas, comienza la sesión a las 15.

Nuevo cambio.—La Academia Romana dei Nuovi Lincei acepta el cambio de sus Actas con nuestro Boletín.

Nuevo socio.—Es admitido D. Pablo Maufret, de Pau, presentado por el P. Navás.

Comunicaciones.—Una nota bibliográfica presentada por D. Pedro Ferrando sobre la obra del P. Barnola S. J. «¡Recoged minerales!».

Notes névroptérologiques par Mr. J. L. Lacroix.

Nota necrológica sobre el abate Harmand por don Juan M.ª Vargas.

«Los Piojos» por el P. Navás, con destino a la Miscelánea.

Y leída por el P. Navás la Crónica científica se levantó la sesión a las dieciséis y diez minutos.

SESIÓN DEL 4 DE MAYO DE 1916

Bajo la presidencia de D. Pedro Ferrando y presentes los Sres. Aranda (D. Fernando), P. Navás y Bellido comenzó la sesión a las quince, leyéndose y siendo aprobada el acta de la anterior. Excusaron su asistencia los Sres. Pueyo y Vargas. Actúa de Secretario el Sr. Bellido.

Correspondencia.—El Sr. Mauffret, socio recientemente admitido escribe dando las gracias por su admisión.

La Academia de Ciencias exactas, físico-químicas y naturales de Zaragoza da cuenta en atento oficio de su constitución, ofreciéndose a la vez para cuanto pueda ser útil a los fines de nuestra Sociedad; acuérdase contestar agradeciendo el ofrecimiento y deseando larga y próspera vida a la nueva Academia, para mayor esplendor de la Ciencia aragonesa.

Nuevo socio.—El P. Navás presenta como nuevo socio al M. I. Sr. D Aquilino Fernández Díaz, canónigo, catedrático de Historia Natural en el Seminario de Alcalá de Henares (Madrid).

Comunicaciones.—El P. Navás lee una nota sobre una excursión al Valle de Arán (Lérida), efectuada del 17 al 28 de Julio del pasado año.

Lee después la Crónica científica, levantándose acto seguido la sesión a las quince y cuarenta minutos.

SESIÓN DEL 8 DE JUNIO DE 1916

Preside el Sr. Ferrando estando presentes el P. Navás y Sres. Romeo, Vargas y Bellido, quien actúa de Secretario.

Comienza la sesión a las quince con la lectura del acta de la sesión anterior, que fué aprobada.

Dase cuenta de un oficio de la Academia de Ciencias exactas, físico-químicas y naturales de esta ciudad invitando a la solemne sesión inaugural; asistió a dicha sesión representando a la Sociedad el señor D. Ramón Gómez Pou.

Libros recibidos.—Háse recibido un ejemplar de la obra «Itinerarios botánicos de D. Javier de Arizaga» publicados por D. A. Federico Gredilla y Gauna, bajo los auspicios de la Excma. Diputación de Álava.

Excursión para el verano próximo.—Acuérdase que tenga efecto recorriendo el Valle de Andorra y sus inmediaciones, reuniéndose los excursionistas en Seo de Urgel el día 3 de Julio.

Dase cuenta de un trabajo de D. Carlos Pau, titulado «Notas sueltas sobre la Flora matritense, III», continuación de otros publicados por el mismo autor en nuestro Boletín.

Acto seguido lee el P. Navás la Crónica científica y se levanta la sesión a las quince y cincuenta minutos.

JULIANI HARMAND

Nuevamente las Ciencias Naturales están de luto.
Hace pocos meses, Francia ha perdido un verdadero sabio con la muerte del Abate Harmand.

El sacerdote Juliani Harmand, nacido el 13 de Febrero de 1844 en Sanlaures-les-Vannes (Meurthe et Moselle), fué profesor en el colegio de la Malgrange, desde su salida del seminario en 1868, en seguida lo nombraron prefecto de disciplina, después profesor de Historia Natural, más tarde quedó sordo y tuvo que abandonar estas funciones en 1889.

Entonces fué nombrado capellán del colegio de sordo-mudos de la Malgrange. Pero siguiendo en aumento su sordera, pidió su retiro en 1901, yendo a vivir con Mr. Victor Claudel que habia sido discípulo suyo en la Malgrange, el cual ya se ocupaba en el estudio de la Historia Natural, y a quien debemos estos datos y la fotografía que encabeza este articulo. Allí se consagró enteramente al estudio de los Líquenes.

Sorprendido el 1.º de Enero de 1915 por un ataque, perdió el uso de la palabra y de todo movimiento, y falleció el 20 de Octubre de 1915 siendo enterrado en Docelles.

Ha publicado numerosos trabajos sobre los Líquenes que a continuación indico y antes un trabajo sobre las zarzas.

Descripción de las diferentes formas del género *Rubus* observadas en el departamento de Meurthe et Moselle, publicada en el boletín mensual de la Sociedad Francesa de Botánica.

A continuación publicó solamente trabajos consagrados a los Líquenes. Años 1876-1877.

Observaciones relativas a la flora Liquénica de Lorena; Boletín de la Sociedad de Ciencias de Nancy, 1889.

Catálogo descriptivo de los Líquenes observados en la Lorena Boletin de la Sociedad de Ciencias de Nancy, 1894

Líquenes recogidos en el Macizo del Mont Blanc principalmente por Venancio Payot. Boletin de la Sociedad Botánica de Francia, 1901.

Guía elemental del Liquenólogo con 120 especies, con la colaboración de H. y V. Claudel, 1904

La *Usnea longissima* recogida en estado fértil en los Vosgos. Boletín de la Sociedad de Ciencias de Nancy, 1905.

Líquenes de Francia, catálogo sistemático y descriptivo

1.ª parte. Colemáceos, 1905.
2.ª » Coniocarpáceos, 1905.
3.ª » Estratifico-Radiados, 1907.

4.ª parte. Filódeos, 1909.

5.ª   »   Crustáceos, 1913.

La sexta parte en manuscrito será publicada después y la otra será probablemente continuada.

Notas relativas a la Liquenología de Portugal.

1.ª parte. Boletín de la Sociedad Botánica de Francia, 1909.

2.ª parte. Boletín de la Sociedad Botánica de Francia, 1909.

Especies y localidades nuevas de Colemáceos por J. Coudère y él mismo. Boletín de la Sociedad Botánica de Francia, 1906.

Contribución al estudio de los Líquenes de Grecia por el Abate Harmand y R. Maire. Boletin de la Sociedad de Ciencias de Nancy, 1909.

Contribución al estudio de los Líquenes de las Islas Canarias por C. J. Pitard y nuestro biografiado. Boletín de la Sociedad Botánica de Francia, 1911.

Líquenes recogidos en la Nueva Caledonia y en Australia por el R. P. Pionnier (misionero). Boletín de la Sociedad de Ciencias de Nancy.

1.ª parte. Pyrenocárpeos

2.ª   »   Telotremáceos-Graphidáceos

Una tercera parte está en manuscrito.

La Sociedad Botánica le concedió el premio Coincy.

Aparte de estas obras ha publicado diversas *exsiccata.*

1.ª   Líquenes de Lorena. 15 fascículos de 50 especies, publicado solo 30 ejemplares.

2.ª   *Lichenes Gallici præcipui exsiccati.*

Con la colaboración de H. y V. Claudel, 11 fascículos de 10 especies.

Publicados en 65 ejemplares. Un duodécimo fascículo está en preparación. Docelles 1901-1914.

3 ª   *Lichenes Gallici rariores exsiccati.*

Tres fascículos de 20 especies; un cuarto fascículo en preparación. Docelles 1907-1612.

JUAN M.ª VARGAS.

Notes névroptérologiques

PAR Mr. J. L. Lacroix

V.

OBSERVATIONS DIVERSES

1.—Dans une récente note (*Contribution à l'étude des Névroptères de France; cinquième liste, supplément.—In Bol. Soc. Arag. de Cienc. Nat. 1915*), j'ai omis de signaler la capture de *Aulops alpina* Rb. *au Plessis-de-Roye* (Oise) par le Capitaine D. Lucas. Cette *Panorpide* ne semble pas très commune ni répandue. Je l'ai déjà signalée du département de la *Seine-Inférieure*.

Je profiterai de cette occasion pour indiquer quelques autres espèces du même ordre non encore inscrites dans mes précédentes listes:

Myrméléonides.

Morter hyalinus Ol., *Neuroleon arenarius* Nav., *Nelees nemausiensis* Borkh. citées du sud de la France par le *R. P. Longinos Navás* (*Myrmeléonidos de Europa, 1915*).

Chrysopides.

Chrysopa granatensis Ed. Pict.—Indiquée du sud de la France par le *R. P. Longinos Navás* (*Crisòpids d'Europa, 1915*).

2.—M. le Capitaine D. Lucas venant du front et se rendant pour quelques jours dans sa famille m'a remis un exemplaire de *Panorpa germanica* L. capturé par lui le 15 Janvier 1916 au *Plessis-de-Roye*.

Cet exemplaire est en très bon état et a les tâches assez pâles (de plus l'aspect général est celui d'un échantillon immature).

Le fait, à mon avis, mérite una mention. Je ne pense pas, en effet, qu'on ait déjà signalé la présence de cette *Panorpe* à l'état *d'imagos* en *plein hiver* et je ne crois pas qu'il s'agisse là d'une bête qui, ayant affronté la mauvaise saison, lui aurait résisté et aurait échappé á la mort.

Nombre d'espèces certes passent l'hiver, réfugiées dans des abris (il s'uffit de chasser, pendant cette saison, sous les pierres, sous les écorces..... pour s'en rendre compte; et on sait, ce qui étonne quelque peu, que la délicate *Chrysopa vulgaris* Schn., parmi les *Névroptères*, résiste, elle aussi, au froid et passe les mois de novembre, décembre, janvier, février, mars dans un état de demi-engourdissemet, blottie dans les feuilles rougies des chênes ou dans les arbres verts); mais les *Panorpes* ne figuraient pas encore (du moins je le pense ainsi) parmi ces insectes osant braver l'hiver.

Il me semble qu'il s'agit plutôt ici d'un individu arrivé à terme avant le moment; l'exemplaire de *Plessis-de-Roye*, capturé le 15 Janvier 1916, a dû rompre trop tôt ses langes, trompé, peut-être, par la clémence du temps. Et, en effet, nous pouvons voir partout signalés des cas très curieux de floraison prématurée due évidemment à cette tiédeur des mois de Décembre 1915 et Janvier 1916. "*Il n'est pas surprenant, a pu dire le Directeur du bureau central météorologique, que les végétaux soient sortis de leur sommeil hivernal. Le mois de Janvier 1916 a été le plus chaud que nos annales aient enrégistré. Il a de plus offert cette particularité qu'il a été précédé d'un mois favorisé comme chaleur*".

De même que sous l'influence de cette exceptionnelle température certaines plantes ont pu se réveiller et manifesté quelqu' activité, de même des *Panorpes* encore au maillot, mais déjà à point et n' attendant qu'une certaine tiédeur pour le rompre, ont pu croire que le temps de la libération était venu.

3.—Dans une note parue dans le *Bull. de la Soc. Ent. de France* (*Notes névroptérologiques, III.— Névroptères capturés dans les Pyrénées-Orientales, 1915*) j'ai signalé la capture, en France, de *Chrysopa perla* L. var. *interna* Mac Lachl.=*fracta* Nav. J' y ai dit que cette forme avait été trouvée á *Ambollas*. Je puis aujourdh'ui, grace aux renseignements fournis par *Mademoiselle A. Soumain* qui m'a envoyé les échantillons, être plus précis. En réalité les *interna* qu'elle m'a fait parvenir ont été capturées de *Conat á Nohèdes* (de 800 à 1.500 m. d'altitude), dans les arbres bordant les ruisseaux, il était bon de connaitre ce détail, car cette variété, avant que je la signale des *Pyrénées-orientales*, était connue seulement du *Japon* (*R. P. Longinos Navás.— Crisópidos nuevos; in Brotéria, 1910*) *et de Sibérie*, vallée de la *rivière Odarka, près d'Evgenievka* (*R. P. Longinos Navás.—Quelques Névroptères de la Sibérie Méridionale-Orientale, 1912*), *etc.*

L'altitude joue évidement, ici, un rôle important et spéciale.

Les exemplaires que m'a donnés mon aimable correspondant étant assez nombreux, il m'a été possible de constater que la *var. interna* pouvait affecter divers aspects qu'il est peut-être utile de faire connaître.

Voici, tout d'abord, à titre documentaire, la description originale de cette forme: "*Annulus verticis niger linea ∧ angulari ad antennas et duobus punctis atris, ad occiput fractus.....*" (R. P. Navás.—Crisópidos nuevos; in Brotéria, 1910). Or, si on jette un coup d'œil sur la figure I, on constate que le type de la variété est assez bien réalisé dans B, tandis que dans A, C et D il y a des écarts qu'il est nécéssaire de signaler. Loin de moi cependant la pensée de séparer ces quatre formes. Il s'agit là d'individus capturés dans le même milieu et ayant évidemment la même physionomie générale On a bien en face de soi *interna*, mais sous des aspects un peu divers; et c'est étendre utilement la description que de les indiquer rapidement. En B c'est le type normal ou

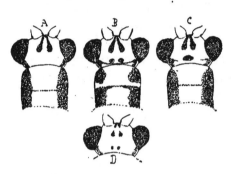

à peu de chose près. En C les deux points de l'occiput sont fusionnés et forment une tâche. En D ces mêmes points sont obsolètes et chaque branche du ∧ se trouve presque coupée dans sa partie moyenne. Il y a là une tendance intéresante. Enfin en A les points sont nettement absents. On peut également observer quelques autres différences sur lesquelles je n'insiste pas, pour ne pas allonger cette note.

Si donc je suis revenu sur *Chrysopa perla* Linn. var. *interna* Mc Lachl. c'est, d'une part, pour préciser sa station, le milieu où elle a été prise en assez grand nombre, d'autre part, pour montrer qu'elle n'était pas d'une fixité absolue et qu'il n'y avait pas lieu, toutefois, de créer des noms nouveaux.

4.—Mon savant et très aimable maître Le *R. P. Longinos Navás* vient de faire paraître un gros travail sur les *Chrysopides*: *Crisòpids d'Europa, Barcelona, 1915*. Cette utile publication, qui est l'œuvre d'un Névroptériste universellement connu et apprécié, met au point, jusqu' en 1914, cette question des Chrysopides d'Europe et rend possible l'étude de cette belle famille. Des tableaux dichotomiques séparent nettement les tribus, au nombre de deux, les genres, les éspèces et les variétés Ces dernières, de plus, sont étudiées avec plus de détail, non seulement au point de vue descriptif (ce qui était nécessaire) mais aussi au point de vue de la dispersion géographique. Enfin en tête de l'ouvrage se trouve—et on ne saurait trop l'apprécier—une importante liste bibliographique donnant l'indication des travaux parus depuis 1761 jusqu'à 1914 et dans lesquels on peut trouver de précieux renseignements sur les *Chrysopides d'Europe.*

Ce beau travail ne mentionne pas toutefois (et il ne faut pas s'en étonner car dans une pareille publication qui a demandé une très forte documentation et beaucoup de temps on admet sans peine que quelques ommissions puissent être faites) trois variétés que j'ai décrites dans la *Feuille des Jeunes Naturalistes* (*Contribution à l'étude des Névroptères de France; troisième liste et variétés nouvelles, 1913*):

Crysopa vulgaris Schn. var. *prætexta* Lacr. qui me parait différer de *var radialis* Nav. et trouvée dans plusieurs localités du *Département des Deux-Sèvres.*

Chrysopa formosa Brau. var *Gelini* Lacr. nettement caractérisée et que *M. Gelin* a prise à *Fouras* (*Char.-Inf*).

Chrysopa formosa Br. var. *decempunctata* Lacr. constituant une forme acceptable et rencontrée à *Chatelaillon* (*Char.-Inf.*) et aux *Sables-D'olonne* (*Vendée*).

Ces observations que nous venons de formuler et *qui ne constituent nullement une critique* n'enlèvent rien á *Crisòpids d'Europe* qui reste une œuvre capitale.

5.—Je mentionnerai *encore* quelques éspèces non signalées dans mes précédentes listes et indiquerai une erreur que j'ai commise et que je tiens essentiellement à corriger.

Chrysopa phyllochroma Wesm.—J'avais mis de côté quelques *Chrisopes* envoyées de *Plessis-de-Roye* par mon exellent collègue *M. D. Lucas* et qu'il ne m'avait pas été possible de bien identifier. Je puis dire aujourd'hui qu'il s'agit de *phyllochroma.*

Chrysopa formosa Brau. var. *frontalis* Pongr.

—(*Pongracz.—Allatani Közleménick, Budapest, 1912*). En révisant mes nombreuses *formosa*, j'ai pu trouver un exemplaire se rapportant á cette variété. *Frontalis* (connue jusqu'ici de Hongrie) se rapproche énormément de ma *var. decempunctata* (voir plus haut); *mais cette dernière n'a aucun point ni sur le dessus ni sur les côtés de l'occiput*. Il m'es donc difficile, en restant dans les limites de la description, d'assimiler *decempunctata et frontalis*.

Chrysopa formosa Brau. var. *bufona* Nav.—Plusieurs exemplaires semblant s'y rapporter, pris á *Chatelaillon* (*Ch. Inf.*) avec les types.

Chrysopa formosa Brau —Je veux simplement faire remarquer ici que beaucoup de *formosa* qu'il n'est cependant pas nécessaire de séparer du type, présentent un point noir, très accusé quelquefois, de chaque côte de l'occiput, sans avoir la tâche frontal.

Chrysopa viridana Schn. var. *montana* Nav.—Deux exemplaires, l'un pris á *Bessine* près de Niort (Deux-Sèvres), l'autre à *Sain-Martin-de-la-Coudre* (Ch.-Inf.)

Chrysopa flavifrons Brau. var. *opulenta* Nav.—A plusieurs reprises j'ai signalé dans mes listes ou notes *var. vestita* Nav.; il s'agissait, en réalité, de *opulenta*. L'erreur n'est due qu'á une distraction de ma part, car la description originale ne prête à aucune confusion. Cette variété *opulenta* a été tout dernièrement créée par mon savant maître le *R. P. Longinos Navás*. Je l'avais trouvée dès 1913.

6.—Dans une note de *M. H. Gelin* (*Enumération des Libellules des Pyrénées.--Bull. de la Soc. Ent. de France. Séance du 12 Janvier 1916*) je vois figurer les espèces suivantes capturées par M. le *Dr. Riel* et qui m'avaient été communiquées par ce dernier pour la détermination:

Leptetrum quadrimaculatum Linn.—*Leucorrhinia dubia* V. d. Lind.—*Cordulegaster annulatus* Latr. et *Pyrrhosoma minium* Harr.

L'auteur de cet article n'indique nulle part où il a puisé ses renseignements. Ainsi présentée sa note pourrait faire croire qu'il est le premier à signaler ces espèces des Pyrénées. Or il n'en est rien. C'est d'après un article que j'ai publié en 1914 qu'il indique ces *Odonates* (*J. Lacroix.—Notes Névroptérologiques. I. Quelques Névroptères recueillis dans les Départements de l'Ain, la Haute-Savoie, le Rhône, l'Isère, l'Ardèche, le Var et les Hautes-Pyrénées. In Annales de la Soc. Linnéenne de Lyon t. LXI, 1914, p. 5 à 10.—Note présentée à la séance du 12 Janvier 1914*) Il est juste de donner á chacun ce qui lui appartient (il s'agit sans doute là d' un oubli de la part de mon collègue)

De plus, dans la même note, *M. Gelin* indique des Pyrénées: *Calopteryx virgo* L. et *Sympycna fusca* V. Lind. J'ai antérieurement signalé ces deux espèces de Ambollas. (*J. Lacroix.—Notes Névroptérologiques. III.—Névroptères capturés dans les Pyrénées-Orientales. In Bull. Soc. Ent. de France. Séance du 13 Octobre 1915*).

Niort le 25 Février 1916.

NOTAS SUELTAS SOBRE LA FLORA MATRITENSE

por D. Carlos Pau

III

Luzula multiflora Lej.—Cumbre de Peñalara (Vicioso y Beltrán).

L. spicata Lam. et DC.—Peñalara (22. VI. 1912); Beltrán y Vicioso.

L. campestris × spicata.—Ejemplares de Peñalara, que vinieron mezclados con la *spicata*.

Altitudine 7 cm.; foliis brevibus late linealibus, duobus capitulis inæqualiter pedunculatis; capsula obovata, mucrone brevi; seminibus juvenilibus compressis et oblongis.

Plantita de 7 c/m, hojas cortas anchamente lineales, antela de dos cabezuelas desigualmente pedunculadas, cápsula trasovada con mucrón corto, semillas jóvenes comprimidas y oblongas.

Por la descripción, no parece corresponder a la *spicata × campestris* de los autores.

L. silvatica Gaud. var. **Paularensis.**—Pinar del Paular: 25. VIII. 1912.

Capsulis ellipticis obtusis, mucrone dotatis, sed apice haud acuminato-lanceolato.

Cápsulas elípticas obtusas, con mucrón, pero, no

aguzado-lanceolado el ápice. Por las cápsulas se parece a la *L. Sieberi* Tausch.=*L. Græca* Guss.= *L.Sicula* Parl. pero, la inflorescencia es de *silvatica*, con lacinias perigoneales menores. De la var. *Sieberi* se aparta por las hojas más anchas, inflorescencia más rica y hojuelas perigoneales mayores. Fuera de las cápsulas y perigonio su parecido mayor es con la *silvatica*. (1)

Cutanda cita la *silvatica* en el Paular, según Quer: y enumera solamente tres especies. *Pilosa, campestris* y *lactea*; porque la *nivea* es la misma *lactea*.

Secall (*Flora vascular de S. Lorenzo del Escorial*) las asciende a cuatro: *pilosa, Forsteri, lactea* y *campestris,* consignando, además, la *nivea* que no se encuentra en el país.

Según las exploraciones de los Sres. C. Vicioso y J. Beltrán, las especies de la Sierra son seis, y además de la variedad nueva un hibrido. Las dos especies son nuevas para el centro de la Península La *nivea* no existe en la cordillera, como ya supuso Willkomm, y la *silvatica* pudiera resultar que tampoco se encontrase típica en la Sierra.

Thymus Serpyllum L. var. **ovatus** Mill. y **angustifolius** Pers.—Frecuentes en la Sierra.

Thymus Serpyllum × **Zygis** Pau.

a) *Th. bracteatus* Lange=*Th. Serpyllum* var. *angustifolius* Pers. × *Zygis* Pau.— En el Puerto de Navacerrada recogió C. Vicioso una forma (*Viciosoi* Pau in litt.) que únicamente se diferencia por los espicastros y brácteas más angostas.

---

(1) El Sr. A. De Degen, en la revista *Magyar Botanikai Lapók*, V. 1906, propone una especie nueva: *Luzula Henriquesii* Degen p. 9, que si no pertenece a nuestra variedad, ha de serle muy parecida; porque las principales diferencias que noto para separarla de la *L. silvatica* (hojas y cápsulas) existen en nuestra variedad En tal caso, en vez de var. *Paularensis*, deberá admitirse la var. *Henriquesii.*

Permítaseme una observación. El Dr. Degen termina su trabajo con esta consideración:»Quant à la plante espagnole, celle-ci doit être rapportée d' après la diagnose donné par Willkomm et Lange 'Prodr. I· página 187) («capsula ovato-trigona *acuminata*) au type». La descripción, sí; pero, !as plantas, ya se ha visto por la del Paular, no todas se pueden acumular en la forma típica.

β **Albarracinensis** Pau hb.—Folia latiora. En la Losilla (Sierra de Albarracín) en donde crecen *Th. Martichina, Th. ovatus* Mill. y *Th Zygis.*

Thymus mixtus Pau carta 3.ª (1906) = **Th. Mastichina** × **Zygis** Pau l. c.—Cercanías de la Alpina (1.ª de Guadarrama): B. Vicioso, 1914.

v. **toletanus** Pau in litt.—Cinereus, humilior, capitulis minoribus, calycé dentibusque brevioribus. Lillo (Toledo): Beltrán, VI, 1912.

Thymus Mastichina × **Serpyllum** Pau.

α *Th. Senneni* Pau=Th. *Mastichina* × *Serpyllum* v. *angustifolius.*—Peñarcon (C. Vicioso).

var. **leucodonthus** Pau.—Peñarcón y Paular (Beltrán y Vicioso).—Folia angustiora et longiora, calycis dentibus albicantibus.

β *Th. Jovinierei* S. el P.=*Th. Martichina* × *Serpyllum* v. *ovatus,* no lo recibí de Guadarrama.

En la cumbre de Peñalara una variedad del *Th. Serpyllum* L. (v. **penyalarensis** Pau in litt.) de tallos annales cortos, hojas más o menos oblongas, cabezuelas florales densas capituliformes. Planta de tallos leñosos extendidos sencillos pegados al suelo dando ramitas floríferas de 2 a 3 c/m.

Caule ligneo, extenso, prostrato, ramis floriferis 2-3 cm.; caule annuo brevi, foliis plus minusve oblongis, capitulis floralibus densis, capituliformibus.

Potentilla verna L. var. **hirsuta** DC.—Miraflores, Cercedilla, Navacerrada (Vicioso y Beltrán).

Potentilla Pyrenaica Ram. var. **Reverchonii** =*P. Reverchonii* Siegfr.—Paular: VII. 1912 (Vicioso y Beltrán).

El reciente monógrafo del género la tiene por un sinónimo: sin embargo, comparada en mis varias muestras pirenaicas, noto que se apartan por su mayor robustez, festones de las hojas mayores, siendo, por consiguiente, los cortes más profundos.

Sorbus latifolia Pers. var. nova **Secalliana.**— Folia apice magis acuminato.—Paular: VIII. 1912 (Beltrán y Vicioso).

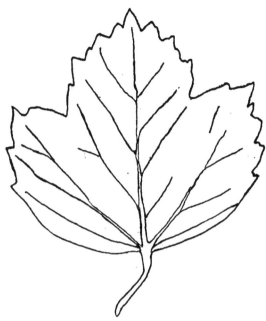

Sorbus guadarramica Pau. Hoja.

Sorbus Guadarramica Pau in shp.–Paular: VIII. 1912 (Vicioso y Beltrán).

Folia *Aceris Hispanicæ* Pourr. Triloba. Affinis *S. Torminali* (vid. fig.)

Verbascum Godroni Boreau $= V.$ *hæmorrhoidale* × *Thapsus*. (*Thapsus* × *floccosum* G. G.) — Cercedilla, junto a la Alpina (Vicioso: VII, IIX, 1912).

Myosotis collina Hoff. (1791). $= M.$ *hispida* Sohl. (1814) var. **Barrasii**.

El Pardo (Beltrán) IV. 1911: Ávila (Barras) 1900. Pavula, corollis luteis parvis. No es *lutea* Cav.: es muy parecida a la var. *gracillima* Loscos et Pardo, pero, los dientes del cáliz son mayores y las corolas amarillas; el tubo calicinal menos híspido. Es más parecida a la *M. versicolor* var. *Balbisiana* Jord. ut sp.

Myosotis versicolor Pers. var. **lutea** (Cav.) DC. $= M.$ *lutea* (Cav.) $= M.$ *Chrysantha* Welw $= M.$ *Personii* Rouy.—Cercedilla (Vicioso y Beltrán), Escorial (Pau)

Myosotis micrantha Pallas apud Lehman (1817).

=*M. stricta* Lk. in Rœmer et Schultes (1819).—Escorial (Pau), Dehesa de la Villa (Beltrán y Vicioso); Avila (Barras).

Myosotis arvensis (L.) Hill (1764) = *M. intermedia* Link (1818).

Myosotis multiflora Merat β **latifolia** = *M. sicula* Lange (e loco).—Sierra de Guadarrama (Beltrán y Vicioso). Folia elliptica latiora.

En los ejemplares que recogí en las Sierras de Cameros y Gredos las hojas son más angostas y más largas: quizás habite en Guadarrama, pero, no la he visto. En la Sierra no existe ninguna forma anual del grupo de la *palustris,* por lo tanto, la *M. sicula* Guss. no pertenece a la flora central de la Peninsula. Tampoco la conozco de España y creo que habrá que borrarla de la lista de nuestra flora, a pesar de la cita de Willkomm (*prodr.* II p. 503)

Onobrychis peduncularis (Cav.) DC . — *Hedysarum pedunculare* Cav. anales de cienc. nat. IV. p. 75 (1801).—*Onobrychis eriophora* Desv. Journ. de Bot. III (1813).—Molinos de Guadarrama (Lomax); Madrid (Pau).

En la descripción española Cavanilles afirma clara y terminantemente que la legumbre de esta especie está «cubierta de borra blanca» y este carácter no lo presenta más que la *O. eriophora.* Willkomm, *prodr. fl. hisp.* III, 267 ya advirtió: «*O. eriophora...* persimilis esse videtur». Nosotros, antes que a su descripción, atendimos a las localides valencianas indicadas por Cavanilles. (Maestrazgo, Valldigna, Sierra Mariola..) y de aquí los motivos que tuvimos para inclinarnos a considerarla como *Hedysarum* y posteriormente *O. montana* Pero, leida atentamente su descripción, nos convencimos de que no podía aplicarse a ninguna forma valenciana y sí cuadraba en la *eriophora* de Marruecos.

Y como en esta misma obra de Cavanilles (p. 72), fiado en su memoria, dio de Tánger y Salé un *Anthyllis onobrychioides,* cuando la planta marroqui pertenece a la *Anth. Gerardi* L., lo mismo que la muestra del Puerto de Santa Maria, según Clemente; deduje que nos encontrábamos ante otro caso parecido; y que Cavanilles describió bien la planta de Marruecos, pero, vino el abuso de su memoria que le llevó a creer, que la planta del reino, vista por él con frecuencia, era igual a la africana.

Además; no debió conocerla en fruto, porque de lo contrario, es inexplicable la asimilación a la *montana*, a una especie, que según el mismo trae "borra ocultando la legumbre y sin dejar ver más que las espinitas". Este carácter, y la existencia de la *eriophora* en las costas de Marruecos (l. class.), demuestran evidentemente que la *peduncularis* y *eriophora* son una misma y única especie.

¿Qué relación puede existir entre la *O. eriophora* var. *glabrescens* Marin, (Willk. suppl. 232 in obs) y la *O. madritensis*? La *madritensis* no es más que una subespecie o raza de la *peduncularis* y bien pudiera esta semejanza haber producido la creación de la variedad *glabrescens*. Desconozco la planta de Portugal

Onobrychis longiaculeata (Boiss.) Pau. *O. argentea* β *longe aculeata* Boiss. voy. bot., 188(1839...) —*O. Madritensis* Boiss. et Rt. Diagnoses p 11 (1842). —Cerronegro (Pau, C. Vicioso): entre Vallecas y Getafe (Beltrán).

Hippocrepis commutata Pau (1903)—*H. scabra* Willk. prodr. III, 256 (p. p.) et auct. matrit.—Cerronegro: localidad del tipo!

La *H. scabra* DC. no existe en la provincia de Madrid: es planta litoral y su localidad clásica Murcia. Por esta confusión, Scheele tomó por forma típica de la *scabra* la planta matritense y observando que la muestra murciana era cosa diversa, creó para la planta de Cartagena un nombre específico nuevo, bajo *Hipp. Willkommiana* (Scheele in Linnæa: 1848) y que corresponde al mismo tipo de mi herbario representado por ejemplares de Alicante, Murcia y Almeria. Poseo, además, unas muestritas recogidas por Reuter en Arcos de la Frontera.

Ordenaremos estas dos confundidas formas del siguiente modo:

Hippocrepis scabra DC. prodr. II, 312: Willkomm prodr. III, 256 (p. p.)=*H. Willkommiana* Scheele (1848) sec. pl. in loco classico lectam.—Provincia de Alicante; desde Benisa!—límite de su área por el Norte, conocido en el día—Alicante!, Orihuela!, Cartagena!.... hasta la Bética, sin apartarse mucho de la costa.

ssp. *commutata* Pau (ut sp.)—Localidad clásica; Cerronegro: y más o menos diferenciada en Galicia, Castilla la Vieja, Castilla la Nueva y Aragón, según mi herbario. Es muy posible que en algunas regiones háyase confundido con la *H. glauca* Ten.: para distinguirla facilmente, basta atender a las legumbres maduras, que traen los segmentos semicirculares, como en la *H. multisiliquosa* L.

Nyman (*conspectus* p. 186) creó una *H. glauca* Ten. ssp. *Bourgœi*, con la *H. comosa* de Cosson in Bourgeau pl. hisp. (1850) n. 631, de Chinchilla. No la conozco; pero, tanto la breve descripción, como el conocimiento que demuestra poseer de las *H. scabra* e *H. Willkommiana*, nos impiden suponer identidad con nuestra *commutata*.

Hippocrepis multisiliquosa L.—*H. ciliata* Willd.—*H. annua* Lag.—Aranjuez y Madrid, en el Cerronegro.

La variedad *confusa* Pau (ut sp. *Académie de Géographie Botanique*)=*H multisiliquosa* auct. (non L.), no se encuentra en el centro de la Península. No la conozco ni poseo más que de ambas Andalucías.

Los autores siguieron cómodamente a Willdenow, sin atender a las razones en que apoyó la nueva creación específica. Lœfling se la comunicó a Linné (*Plantæ Hispanicæ* p. 293); como puede verse consignado, además, en Richter, (*Codex* p. 724). "Misit hanc Loefl., it. p. 293 " Y en Madrid, donde herborizó Lœfling, no existe más forma que la tenida por *ciliata*. Además: si tuviésemos precisión de señalar alguna de las localidades indicadas por Linné a su especie, entre Inglaterra, Francia, España e Italia, como clásica, a la región narbonense. . . deberiamos conceder la preferencia, porque dió su lugar natal:" in sterilibus La Garrigue au Terrail, prope Monsp., in incultis depressis montis Ceti, in soli expositis Valvensium montosis:" y en estas localidades no se encuentra la *H. confusa* Pau=*H. multisiliquosa* auct., sino la *H. ciliata* Willd.

Gouan (*Hortus regius monspeliensis* p. 380) trae casualmente indicado, uno de los sitios que también citó Linné: no obstante su concordancia con el mismo lugar linneano, Loret y Barrandon (*Flore de Mompellier*, ed. II, p. 150) escribieron: "**H. ciliata** Willd.; *H. multisiliquosa* Gn. (non L.)." Me parece, que la determinación específica de Gouan, merecía algún estudio comparativo de documentos científicos, antes de echarla a tierra.

Si creyésemos a varios autores, mi creación *confusa* sería posterior a la *Hipp. multisiliqua* Rchb. (*Flora germanica excursoria* p. 540), que la dan como sinónima; pues, es el caso, que a nuestro entender no hay tal creación nueva ni esa fué la intención de L. Reichembach. Este autor escribió realmente "*H. multisiliqua*", pero, no Reichembach, sino Linné! No la da como especie suya, porque la trae con la inicial de Linné: no indica su sinónimo *multisiliquosa*; no dice tampoco que la corrige, ni nada que aluda a creación nueva, ni como nombre nuevo, ni como especie nueva suya. Por esta causa, nosotros creemos que los autores se exceden y van más allá de lo que Reichembach escribió: ello no fué más que una errata de imprenta o una equivocación de copia al escribir *multisiliqua* por *multisiliquosa*, y se desconocen las reglas de nomenclatura que obliguen a considerar como válidos *lapsus calami, vel si mavis, mendum typographi.*

Malva stipulacea Cav. diss II=*M. trifida* Cav. diss. V.—*Malva hispanica* Loefl. iter p. 157; Asso synopsis tab. V. f. 1—*M. Tournefortiana* Asso enumeratio p. 175.—Aranjuez (Pau): Vaciamadrid (Beltrán y Vicioso).

Asso (*syn.* p. 91) nos dice: «Ex præcedenti descriptione patet, quod Malva nostra, et Loeflingiana non possit eadem esse cum *Malva hispanica* Linnæi, cui folia tribuuntur subrotunda, ut in Icone Plukenetii allegata pinguntur». Afirmando Asso, que su planta y la de Lœfling eran una misma forma, resulta evidente que la *M. hispanica* de Asso corresponde a la especie indicada por Lœfling en Aranjuez, Ocaña y Yepes. Asso dibujó algo exageradamente su estampa: pero, hay que tener presente que las estipulas de las malvas varían en una misma especie.

Asso (*enum.* p. 175) vuelve sobre este asunto y escribe: «*Malva hispanica* Syn. n. 647.—Quæ de hac specie ibi tradimus delenda sunt, et reponenda *Malva Tournefortiana*».

Atendiendo únicamente a las piezas del sobrecáliz, tal como aparecen en la misma figura dada por Asso, vemos que es imposible tal determinación específica, dada la cortedad de esas mismas piezas en la *Tournefortiana* y sin necesidad de atender a su número, como explica el naturalista aragonés.

Malva Ægyptia (L.) — *Malva ·hispanica* var. Loefling iter p. 158.—Aranjuez (Pau).

Al terminar la descripción de la especie anterior, Loefling se ocupa de esta forma, considerándola variedad, diciendo: «Alteram varietatem offendi, simillimam huic descriptæ; sed distinctam foliis..... calycis laciniis... corolla parva, calyce minore».

La *Malva hispanica* Lœfling in L. sp. pl. ed. I. p. 689 pertenece realmente a la especie de los autores con "hojas semiorbiculares y margen festonado", y concuerda con la estampa de Plukenet. Pero, la *Malva ægyptia* L. sp. ed. I, p. 690 ¿puede fundadamente identificarse con la *Malva ægyptia* de los autores españoles? No lo creemos: y ha tiempo que propusimos substituirla por el de *M. Loeflingiana;* ya que la verdadera especie linneana, descrita en la primera edición de *Species pl.*, ha de presentar, para representar típicamente la *M. ægyptia*, «*Calyx exterior setis* 3,*» y nuestra planta no trae más que dos «bracteolas angostamente lineares» en el sobrecáliz, como describen los autores y puede leerse en Willkomm (*prodr*. III. p. 574).

Atiendo únicamente a la descripción primera del año 1753, no a los sinónimos y afinidades que en obras posteriores trajo Linné, y que nos condujeron al falso conocimiento actual de la especie «Tres cerdas por sobrecáliz» apartarán siempre nuestra malva de la *Malva ægyptia* de Linné.

Ruta linifolia L. sp: 384 (1753) —*Ruta linifolia silvestris hispanica* Barr. ic. 1186.—Vaciamadrid (Beltrán y Vicioso).

A pesar de la indudable claridad en que expuso Linné esta forma, los autores la confundieron y hasta la propusieron con nombres específicos nuevos; y eso que el dibujo de Barrelier no se presta a confusiones. Linné separó las regiones de sus tres formas en esta especie, a pesar de que generalmente no las distinguía, de este modo: «Habitat in Hispania; β. in Rodastro; γ in Media». Así es que no me explico los motivos que pudo tener Willkomm (*prodr*. III, p. 514) para añadir al sinónimo «*Ruta linifolia* α. L... quoad stirpem Hispanicam» cuando Linné no le dió al tipo otro país más que nuestra Península.—Se creó la *Ruta pubescens* W. para la *R. linifolia*; y a Spach se le ocurrió otra denominación específica y la aplicó el de *Haplophyllum hispanicuan*.

Willkomm tampoco separó la *R. linifolia* de la *R. rosmarinifolia*, cuando, además de las hojas se diferencian por los frutos, que traen el ápice calvo la *rosmarinifolia* y velloso la *linifolia*. El área y la zona de ambas formas también parece que son diferentes; yo todavía no las he visto confundirse en ninguna región.

Gypsophila castellana Pau=*G. tomentosa* × *Struthium*.—Entre Valdemoro y Ciempozuelos: 15, VIII, 1897. Valdemoro; Beltrán 13. VIII. 1911.

Inflorescentia *tomentosæ*; folia ad *struthium*: G.

paniculatæ L. habitu. Pubescens, panícula divari-
cato-ramosissíma; folia lancelato-linearia, basi non
attenuata uninervia acutiuscula, bracteis parvis, pe-
dicellis multo longioribus, laciniis calycis spathulato-
linearibus albo marginatis obtusis. Sterilis.

Gypsophila tomentosa L.—*G. perfoliata* et *G.
perfoliata* var. *tomentosa* Willk. prodr. III, 673
(nom L. et excl. pl. catalana!).

Todas las muestras que he visto y poseo de Castilla la Nueva pertenecen a la *G. tomentosa* L.

Linné (sp. pl. I, p. 408) dio la *G. perfoliata* como
natural de España y Oriente: pero en las *Amœnitates
Academicœ* vol. IV. p. 271 distingue bajo *G. tomentosa* la pl. que le comunicó Lœfling, sin variar la
frase caracteristica de la *G perfoliata*, que dio en la
primera edición de las Especies; llegando hasta dar la
tomentosa como variedad β de la *G. perfoliata*; lo
que demuestra su conocimiento cierto de estas dos
formas.

La *G. perfoliata* la propuso así: *foliis ovato–lanceolatis.* La *G. tomentosa* bajo *foliis lanceolatis.* Y
dijo, además, de aquella «hojas subcarnosas» y de la
tomentosa tallos algo vellosos, hojas de tres nervios,
obtusillas y tomentosas. Pero, siguió siempre creyendo que la *G. perfoliata* existía en España.

Nadie ha visto esta especie en la Peninsula. Sin
embargo la planta de Lérida, se parece extraordinariamente a la *G. trichotoma* Wender v. *pubescens*
Ledeb. (A Callier: Iter Tauricum, 1900 nº. 551), de la
cual apenas difiere, más que por las brácteas más
cortas y lóbulos calicinales más profundos, porque las
hojas me parecen inénticas. Willkomm la consideró
tomentosa, siendo por su aspecto más bien *perfoliata*.

Pero, la planta catalana no fue conocida de los
antiguos, porque se debió su descubrimiento a Costa,
y mal pudo referirse Linné a esta forma, reculada en
ese rincón ilerdense, para tormento de los geógrafos
y desesperación de los teorizadores. Que tengamos
que caminar siempre a tropezones.....

Cierto botánico extranjero critica desfavorablemente nuestras endémicas especies orientales; gracias a que el número de las leñosas paran los pies a los ligeros: si no, hasta esa «gloria» nos arrebatarían.

Veronica digitata Vahl.—Madrid, en los campos de S. Martín: Dehesa de la Villa (C. Vicioso).

No existe en Oriente; la planta oriental, aunque muy parecida, es otra especie; *V. Chamæpythys* Griseb. La poseo de Balansa, pl. d'Orient, n. 409 (1854).

Satureia Acinos (L.) *Scheele* var. **granatensis** (B. et R.) Pau.—*Calamintha granatensis* B. R.— *M. alpina* Boiss.—Sierra Nevada ¡Sª. Tejada!

La planta del Puerto de Navacerrada, que recogí en 11 de Agosto de 1911, es muy parecida a la granatense de las dos localidades clásicas indicadas. La heteranthia del género niega hoy valor taxonómico a las formas afines subespecíficas.

Esta forma castellana corresponde a la *C. alpina* v. *erecta* Lge., según ejemplares de mi colección (Teruel; Loscos—Sierra de Chiva); corresponde, además, a la *Sat. alpina* v. *viridis* Briquet (Les Labiées des Alpes Maritimes, 449), por estas palabras mismas del autor. «Cette variété se retrouve assez typique au Puerto de Navacerrada».

Como Briquet la cita en los Abruzzos, el Sr. Lacaita, con la planta de Italia, que conozco por varias muestras, ha creado una especie, que lleva al grupo específico de la *S. Acinos* y que no se parece a nuestro ejemplar de Navacerrada.

La variedad de Lange, que no conoció Briquet, en la página 453 la cree sinónima de la variedad *patavina* Jacquin sp. («ce qui nous paraît probable d'après les descriptions»).

Además: Briquet asimila la *granatensis* a la *C. ætnensis=C. meridionalis* que conozco de Italia, Sicilia, etc. y tal asociación la creo infundada. La una es realmente *Acinos*: la otra una raza paralela de la *alpina*, «propia de las montañas meridionales». La confusión arranca de que Boissier tomó por *alpina* la *granatensis*; y los autores, dada la grande autoridad de Boissier, no creyeron posible que este botánico sufriera parecida distracción. Sin embargo; atendamos a lo que dijo, con Reuter, de su *granatensis*.

"Haec planta in opere citato ut varietas australis *C. alpinæ* habita, ab ea ulterioribus observationibus **valdoperè** differt..... **Multo magis affinis** *C. Acino*..... An hujus forma australis cujus **duratio** (eso opino hoy) climate mitiori mutata esset.".

Resulta que para Boissier y Reuter, si citaron la *alpina* fue para escribir que *difería mucho*; en cambio de la *Acinos* la consideraron tan cercana que llegaron a considerarla como una forma de raiz leñosa lo más probable:

Willkomm copió la descripción de Boissier y Reuter y la coloca junto a la *alpina*; pero, dice: «Species *C. Acino* magis affinis». Pero, en el *Suppl.* p. 148, está terminante y echa la *granatensis* a la sinonimia de la *Acinos*. «Haec species..... ubi non nisi in regione montana vel alpina crescit, *biennis* (l) imo perennis (!) evadit». «Ad hanc formam referenda est *C. granatensis* Boiss. et Reut.»

Lo mismo supusieron Boissier y Reuter, eso confirmó Willkomm, y eso mismo tengo por cierto hoy. Luego, la forma *granatensis* Briquet no corresponde a la *granatensis* B. et R.

Satureia graveolens (Marsch. Bieb.) Pau var.— Cercanías de Madrid en el Cerronegro y San Martín: en la Dehesa de la Villa (Vicioso).

Briquet, con Boissier y Willkomm, escriben la siguiente observación, en la página 453 de sus *Labiadas de los Alpes Marítimos*". L'*Acinos rotundifolius* Pers. (*Syn.* II, p. 131, 1807) ést une espèce assez différente de toutes les variétés du *Satureia alpina*, dont le *Thymus graveolens* Marsch. —Bieb. (*H. taur.—cauc.* II, p. 60, 1808) est un Synonyme, et dont l'*Acinos purpurascens* Pers. (l. c.) n'est qu' une variété. Cette espèce, que nous apellerons *Satureia rotundifolia*, s'étend de l'Espagne jusqu' au midi de la Russie;...» (Briquet, 1895)—Consúltese Willkomm, *suppl.* p. 148, 1893. Boissier, *Fl. orientalis* IV. página 583, 1879.

En el supuesto de que los *Acinos purpurascens* y *A. rotundifolius* fueran sinónimos específicamente, habria que preferir el *purpurascens*; por ser anterior al *rotundifolius* en cuatro números. *Acinos* 3=*purpurascens*. *Acinos* 6=*rotundifolius*.

Si los *Acinos purpurascens* y *A. rotundifolius* fueran formas de la misma especie, como los autores predican, hay que conceder que ninguno de los dos puede representar la *Calamintha rotundifolia* Willk.! o *C. graveolens* M. Bieb.

He aquí cuanto dijo Persoon de su *Acinos purpurascens*. «Caul. ramoso divaricato tomentoso, fol. ovatis subserratis: summis congestis (coloratis), verticill. 1-2-floris subapproximatis. Hab. in Hispania. Dr. Clemente. Fol. praesertim ad venas, in meo specimine, rubro-violacea. Cor. majuscula, rubra. Medius inter A. vulgarem et alpinum videtur».—Synopsis II, 131, n. 3, 1807.

Convengamos, sin molestar más, en que "corola mayúscula y media entre la *Calamintha Acinos* y *C. alpina*" no puede convenir a la *C. rotundifolia* Willk., por mucho que se quisiera violentar la frase especifica de Persoon. Yo sospecho, que al ser intermedia entre la *alpina* y *Acinos* ha de corresponder a la *C. granatensis* B. y Reut. pag. 94".

De la "*rotundifolius*, fol. orbiculatis mucronatis: venis subtus prominentibus, caul procumbente apice calycibusque villosis. Hab. in Hispania. Richard". Pero, a esta descripción le puso Persoon una cruz, que nada más significa «Speciebus obscuris, aut quoad sedem dubiis, vel accuratiori indagationi subjiciendis, signa crucis seu asteriscum apposui». Pers. syn. p. X.

Dígaseme si la *Calamintha rotundifolia* Willk. que es inconfundible con otra del género, que no se parece a ninguna del grupo por sus hojas deltoideas, margen aserrado, acuminadas, cuneiformes en la base que es anual, que no tiene tallos *procumbentes* ni hojas *orbiculares*..... puede ser litigiosa, confusa y obscura o sea *Acinos rotundifolius*.

Persoon, ni de la *purpurascens* ni de la *rotundifolius* nos da la duración de la raiz. De la *purpurascens* Pers. dimos nuestro parecer: de la *rotundifolius* diremos que sigue siendo especie desconocida y que quizás ni al género *Acinos* Pers. pertenezca. Creemos que las *Sat. alpina* y *S. Acinos* se hibridan; pero, no hemos logrado dar en la naturaleza con formas y localidades que nos lo demostraran francamente. Es una opinión que emitimos anteriormente, y que sin abandonarla, no juzgamos prudente sostenerla sin nuevas investigaciones en el campo.

CRÓNICA CIENTÍFICA

ABRIL-MAYO

ESPAÑA

BOBADILLA (Andalucía).—Un *Carabus Dufouri* cogido por el abate Breuil el 27 de Febrero último y estudiado por el Sr. Alluaud ofrece la monstruosidad de tener ocho tibias y ocho tarsos perfectamente conformados. El fémur segundo de la derecha se ensancha considerablemente en su extremo, teniendo la anchura de tres fémures normales soldados y de él parten tres tibias y otros tantos tarsos.

MADRID.—La Real Academia de Ciencias propone como tema de investigación al premio de Ciencias Naturales la ''Monografía de los minerales de plomo de España''. El aspirante al premio no sólo ha de describir los minerales e indicar la procedencia y condiciones de los criaderos en que se encuentran, sino que señalará las aplicaciones que aquellos tienen en las Artes y la Industria y presentará, como justificante de la obra, los ejemplares de menas, las preparaciones microscópicas, los datos de ensayos y análisis, las muestras de metal, etc., etc., que juzgue pertinentes para la mejor y más completa inteligencia de su trabajo. El premio es de 1.500 pesetas. Las memorias se han de entregar antes del 1.º de Enero de 1918.

MALLORCA.—Hallamos en el boletin de la Sociedad entomológica suiza una lista de Dipteros cogidos por el Dr. Escher. Kiindig de Zurich en las cercanias de Palma y determinados por Bezzi. Contiene 52 especies. ninguna de ellas nueva para la ciencia, pero no pocas lo son para la fauna de la isla, todavía no muy estudiada.

ZARAGOZA.—Sobre varios puntos selectos de Cristalografía óptica ha dado una serie de conferencias en la Facultad de Ciencias el catedrático de la misma D. Pedro Ferrando. Además de sus alumnos asistió a ellas público docto y escogido.

EXTRANJERO

EUROPA

BERNA.—El estudio sistemático de las Hormigas de Suiza ha sido publicado por el Dr. Forel, formando parte de la serie de trabajos que con el título general de Fauna insectorum Helvetiæ han venido apareciendo en el boletín de la Sociedad entomológica de Suiza. Los Formícidos de Suiza divídense en cuatro tribus (subfamilias para Forel): Ponerinos, Mirmicinos, Dolicoderinos y Camponotinos, con un total de 27 géneros y 67 especies, con multitud de otras divisiones secundarias.

BUDAPEST.—En los Anales del Museo Nacional de Hungría el Dr. Horvath publica la monografía de los Mesovélidos, familia de Hemípteros Heterópteros acuáticos Es familia pobre en especies, pues sólo se conocen 8, siete de las cuales pertenecen al género Mesovelia Muls. et Rey y la octava es tipo del género nuevo Phrynovelia. He aqui la enumeración.

1. *Mesovelia furcata* Muls. et Rey, de Europa.
2. — *theruzalis* Horv., de Hungría.

3. *Mesovelia Mulsanti* B. White, de América sept. y central.

4. — *vittigera* Horv., de Africa, Asia y Oceanía.

5. — *subvittata* Horv., de Nueva Guinea.

6. — *indica* Horv., de la India.

7. — *amœna* Vhl., de las Antillas.

8. *Phrynovelia papua* Horv. de Nueva Guinea.

CAÉN.—D. Octavio Lignier fallece el 19 de Marzo. Nació el 25 de Febrero de 1855 en Pougy (Aube, Champaña) y fue profesor de Botánica desde 1883 en que se creó la cátedra. Distinguióse por sus estudios botánicos especialmente sobre las plantas fósiles del Mesozoico y Paleozoico.

CHAMPAÑA.—El Sr. Hoschedé hace notar la acción que los gases asfixiantes de cloro empleados por los alemanes en la presente guerra ejercen en algunas plantas, según propias observaciones en unos 15 kilómetros de la linea de combate. Los pinos silvestres de la región han sido más o menos enrojecidos, semejando a los robles cubiertos de hojas muertas. Lo más raro es que en los mismos sitios el Pino maritimo o laricio, así como los Enebros y otras plantas mezcladas con el Pino silvestre no han sido atacadas, evidenciándose así la sensibilidad para las unas y la indiferencia para las otras.

MALTA.—La flora de esta isla, estudiada en varias ocasiones por diferentes botánicos, lo ha sido últimamente por el Dr. A. C. Gatto, quien la ha publicado en italiano con el titulo de «Flora Melitensis nova». En un tomo de 500 páginas se enumeran 916 especies de Fanerógamas y Criptógamas vasculares, 78 Musgos, 18 Hepáticas, 183 Líquenes, 296 Algas y 499 Hongos, o sea un total de 1.930 especies. El conjunto de la flora ofrece grande semejanza con la de Sicilia, aunque muchas de sus plantas se han encontrado también en el Norte del África; unas pocas especies muy interesantes son endémicas.

PARÍS.—En la votación para adjudicar el premio

Dollfus toman parte 45 individuos de la Sociedad entomológica de Francia y por unanimidad recae en
D. Juan Chatanay muerto por el enemigo.

ASIA

FORMOSA.—El P. Urbano Faurie misionero apos-
tólico gran coleccionador de plantas falleció el 4 de
Julio de 1915. Nadie le aventajó en el celo de reco-
ger ejemplares botánicos del Japón, Corea, Sajalina,
Sandwich y Formosa. Proporcionó abundante material a todos los grandes museos; una parte de él ha
sido estudiado por Mgr. Leveillé, de Mans, quien le
dedicó algunas especies.

INDIA.—De carácter popular es un libro publicado
por Douglas Dewar con el título de Calendario de las
Aves en el Norte de la India. Mes por mes indica y
consigna los hechos principales referentes a la nidifi-
cación, cambio de plumaje, emigraciones, alimento,
etc., etc., con expresión de particularidades en no
pocas especies.

SAJALINA.—La flora de esta isla ha sido publicada
en 1915 a expensas del gobierno japonés de la misma
en grueso volumen con 13 láminas por Kingo Miya-
ké, toda en japonés, incluso las tablas disotómicas, a
excepción de los nombres técnicos de las plantas. El
aspecto es de una flora pobre y con evidentes seme-
janzas con la de Siberia y Japón.

ÁFRICA

ÁFRICA MERIDIONAL.—Que las golondrinas de Inglaterra en sus emigraciones lleguen al extremo Sur
del Africa donde pasan el invierno se evidencia por
repetidos hechos. El 6 de Febrero de este año se cogió cerca de Grahamstown, en el extremo S. E. de
Africa, un ejemplar de *Hirundo rustica* cuyo anillo
declaraba haber sido soltada en Lytham, Lancashire,
el 3 de Julio de 1915, por D. F. W. Sherwood. Hácese
notar en la revista inglesa *British Birds* de Abril que
éste es el tercer ejemplar de golondrinas que en el

Africa del Sur se han cogido procedentes de Inglaterra. El primero se capturó cerca de Utrecht, en Natal, el 27 de Diciembre de 1912, el segundo en el valle de Riet, en Orange, el 16 de Marzo de 1913.

GUINEA ESPAÑOLA.—Se había divulgado el hallazgo en esta región de un tercer ejemplar del fósil *Archæopteryx*; mas estudiada por D. Luis M.ª Vidal una buena fotografía resulta que no se trata ni siquiera de una ave sino de la impresión de un pez, mal conservado para poder clasificarse. Resulta, pues, que la *Archæopteryx* sólo se conoce de Eichsädt (Alemania) en dos ejemplares, que se conservan en los Museos de Berlín y de Londres.

KERIMBA.—Los Foraminíferos de este archipiélago del Africa portuguesa del Este han sido estudiados por los Sres. Heron-Allen Earland. El número total de especies y variedades es de 470, notándose la preponderancia de los Miliólidos, pues comprenden 122 especies y de ellas 77 pertenecientes al género *Miliolina*. Obsérvase grande analogía entre esta fauna y las colecciones hechas en el Archipiélago Malayo.

AMÉRICA

BOGOTÁ.—El gobierno de Colombia ha nombrado al H. Apolinar María, de las Escuelas Cristianas, profesor de Zoología en la Universidad, Facultad de Medicina. Los alumnos en número de 84 acuden a clase al mismo Colegio de los Hermanos, donde hay una pieza preparada al efecto y un rico museo de Historia Natural.

HABANA.—Como órgano oficial de la Sociedad Cubana de Historia Natural «Felipe Poey» ha comenzado a publicarse desde principio de año una revista que saldrá a luz bimestralmente y contendrá las actas de las sesiones y trabajos relativos a Cuba así inéditos como los que aparezcan en otras publicaciones referentes a las riquezas naturales de Cuba que se juzguen dignos de ser reproducidos

L. N.

Tip. F. Gambón, Canfranc, 3 y Valencia, 2.--Zaragoza.

Tomo XV . Octubre de 1916 Núm. 8

BOLETÍN

DE LA

SOCIEDAD ARAGONESA DE CIENCIAS NATURALES

SECCIÓN OFICIAL

———

SESIÓN DEL 5 DE OCTUBRE DE 1916

———

Presidencia de D. Pedro Ferrando

Con asistencia de los Sres. Bellido, Gómez Redó, P. Navás, Pueyo y Vargas, comienza la sesión a las quince.

Correspondencia.—Por sus respectivas familias son comunicados los fallecimientos de nuestros consocios los Sres. D. Vicente Tutor, de Calahorra, y don Jacinto Pitarque, de Madrid. Y se acuerda conste en acta el sentimiento que ambas desgracias producen, al par que se fijan días para la celebración de sufragios, en la forma acostumbrada, por el eterno descanso de sus almas.

Nuevo cambio.—Se acepta con *Idearium*, Revista del Círculo de Bellas Artes y Ateneo de Bilbao.

Admisión de socio.—Se acuerda la de D. Manuel Vidal, de Huércal-Overa (Almería) propuesta por el Rdo. D. José M.ª de la Fuente, Pbro.

Comunicaciones.—Son presentadas:

Notes névroptérologiques, par Mr. J. L. Lacroix.

Notas entomológicas, 2.ª serie, por el R. P. Lon-

ginos Navás, S. J., titulada: 14, Neurópteros de Andorra.

Las minas de azufre en Libros (Teruel), por don
José Pueyo. '

Tres Himenópteros nuevos para España, noticia
para la Miscelánea, por el P. Navás.

El mismo P. Navás presenta un ejemplar de
Acanthaclisis occitanica Vill. enviado por nuestro
consocio el R. P. José M.ª Gumucio, de Sevilla, quien
lo cogió el 4 de Agosto a eso de las diez de la noche
en su aposento, donde entró atraído por la luz eléctrica. Por la localidad y circunstancias de su captura
es digno de atención, pues si bien se conocía de algunos Mirmeleónidos que acudían a la luz, de este de
tan gran tamaño es más de notar.

Varias.—Con destino a la Miscelánea, presenta
el P. Navás una Nota sobre el órgano del olfato de los
insectos en la que, con referencia a datos experimen-
tales recientes, rebate errores muy arraigados.

Tratados otros asuntos de orden interior y leída
por el P. Navás la Crónica científica se levanta la sesión a las dieciséis y media.

NOTAS ENTOMOLÓGICAS

2.ª SERIE

POR EL R. P. LONGINOS NAVÁS, S. J.

13

Excursión al valle de Arán (Lérida)

17-28 de Julio de 1915

Proyectada como anual y propia de nuestra SOCIE-DAD ARAGONESA DE CIENCIAS NATURALES la excursión al valle de Arán sucedió también este año lo que otras veces ocurriera, que por causas diversas debieron de renunciar a tomar parte en la excursión varios que lo deseaban y anhelaban, quedando al fin reducidos a dos los que por entero la realizamos, el Sr. Codina, de Barcelona, y el que esto escribe de Zaragoza. En esta ciudad se nos unió el joven Doctor en Ciencias Naturales D. Joaquín Gómez deseoso de hacer una exploración de la geología de los Pirineos, y en Les el H. León Hilario, de las Escuelas Cristianas, nuestro guía y Mentor por casi todo el valle.

Para dar cuenta a nuestros consocios de una parte de los resultados obtenidos, la que a Neurópteros se refiere, seguiré primero el orden de las localidades en que nos detuvimos y después, en la enumeración de los Neurópteros, el de las familias.

1. Campo (17 Jul.)

El 17 de Julio llegó el Sr. Codina a Zaragoza para dar principio de aquí a la excursión. Con él habíamos proyectado entrar en el valle de Arán por Francia, por ser alli fácil el acceso, mas las dificultades que acarrea el pasaporte y otras en el estado presente de guerra europea nos aconsejaron cambiar el itinerario y hacer la penetración por lo más alto de los Pirineos de Benasque.

En el mixto de Barcelona salimos el 17 sábado y tomando en Selgua el tren de Barbastro llegamos a esta ciudad hacia la una de la tarde y alli comimos. En el automóvil público de Huesca habíamos de salir si hubiese tenido asientos libres para los tres viajeros. De la incertidumbre sacónos con ventajas la amabilidad del Ilmo. Sr. Obispo de Barbastro Dr. D. Isidro Badia, a quien visitamos, por ser muy amigo de la Compañía y condiscípulo del P. Carrobé, quien me encargó le saludase. Acababa de llegar de Seira, donde había inaugurado la capilla de la Catalana de Gas y Electricidad, e interpretando los sentimientos del Ingeniero D. Diego Mayoral puso a nuestra disposición el automóvil que lo condujera. En él salimos a las 4'40 de la tarde, llegando a Campo a las 6'20, siendo la distancia de 85 kilómetros.

Esto nos proporcionó la ocasión de explorar por espacio de una hora la orilla izquierda del Ésera, con fruto no despreciable para mí, aunque no abundante.

2. Benasque (18 Jul.)

Celebrado el santo Sacrificio en la iglesia de Campo, el domingo 18 salimos en el automóvil público. Saludados los Sres. Ingenieros de Seira y atravesado el fantástico Congosto paramos en el Run. Aquí mi antiguo discípulo D. Antonio Albar, de Benasque, tuvo la amabilidad de salirnos al encuentro, y en su propio coche, que él mismo guiaba, nos condujo en breve tiempo a Benasque, a donde llegamos a las 11 y 1/4, hospedándonos en la fonda de la Viuda e Hijos de Ignacio Azcón, que ya me era conocida, muy recomendable por su buen servicio y economía.

La caza de Neurópteros a orillas del río, corriente

abajo, prodújome más de 20 especies, número que satisfizo sobradamente mis aspiraciones por su cantidad. Hechas las diligencias necesarias y alquilado un caballo en la misma fonda dispusímonos a partir al día siguiente.

3. Hospital de Benasque (19 y 26 de Jul.)

El caballo había de llevar la impedimenta y convenimos en que montaríamos en él por orden riguroso una hora cada uno, y así lo hicimos, excepto en algunos puntos de la bajada, donde por lo rápido de la cuesta y ramas de los árboles era difícil e incómodo sostenerse a caballo.

Esta disposición me permitió coger alguna que otra cosa, especialmente en el llamado Llano del Campamento, en frente de los Baños de Benasque, y sobre todo junto al Hospital, donde cogi no poco, con pasmo de los niños y de los carabineros que en aquel puesto habitan.

De paso consignaré un fenómeno que hice notar al Sr. Gómez, quien a la sazón cabalgaba, a unos dos kilómetros más arriba de dicho Llano del Campamento o Baños de Benasque: Las rocas del lado izquierdo del camino que han quedado sin moverse presentan las estrías longitudinales y el pulimento que les produjo el glaciar que por el valle sedeslizaba y tenía su origen en el circo del Hospital. Es un ejemplo insigne de fenómenos glaciares como yo no haya visto mejor y digno de ser visitado por el que a Geología o Prehistoria se dedica, sin necesidad de irse a Suiza o a los Alpes. El río alli corre a unos 20 metros de profundidad, y las rocas pulimentadas, redondeadas y estriadas tendrán en su conjunto una longitud de 5o ó más metros.

Como había visto tal riqueza de Neurópteros junto al Hospital de Benasque, a mi regreso del valle de Arán, dejando que mi compañero Sr. Codina siguiese adelante, detúveme por más de una hora codicioso de más Neurópteros anfibióticos, en lo cual tuve una fortuna inesperada. Porque no sólo llené la cajita que me acompaña siempre en las excursiones, mas acercándoseme un carabinero, por nombre Fernando Sagarra Cabelludo, que ya llevaba 30 años de servicio en el cuerpo, me ofreció y casi obligó a aceptar las *moscas de pescar* truchas, o sea Pérlidos que conservaba vivos en un canuto de caña, en número de casi 6o; pertenecientes a varias y no comunes especies.

4. Las Bordas o valle de Artiga de Lin
(20 y 25 Jul.)

Dejo para otra pluma el referir y describir los incidentes y peripecias de nuestra subida al puerto de la Picada el más alto de los Pirineos (2505 m.) y el descenso por el lado septentrional hasta las Bordas (890 m.), a donde llegamos a las 7 3/4 de la tarde, 13 horas después que saliéramos de Benasque.

La captura de algunas especies buenas en el valle llamado Artiga de Lin a la bajada el día 19 y el aspecto del valle en cuyo fondo corre el río Jueu nos aconsejó dedicar a él todo el día 20, no sin grande éxito por la caza de unas 30 especies de Neurópteros, entre ellas una nueva para la ciencia, la *Chrysotropia melaneura*.

La comida fué como en semejantes casos de fiambre a orilla del río, cuyas aguas a las 12 y 1/2 tenían la temperatura de 11.°, mientras que la del aire era de 22.°

Por haber sido tan feliz aquella primera exploración y también por abreviar la jornada el día de regreso a Benasque, determinamos pasar a la vuelta el día 25 domingo entero en Artiga de Lin, eremitorio donde hay lo suficiente para celebrar el Santo Sacrificio, que ningún día de la excursión omití y también lo suficiente para comer y dormir, pero sin pretensión de regalos ni de lujos. Baste decir que no hallamos allí ni huevos, ni gallinas, ni conejos, ni azúcar, ni postres de ningún género, ni siquiera unas miserables nueces o avellanas. En cambio el precio si se pareció al de una fonda de lujo.

Algunas otras especies agregué a mis cazas el día 25, especialmente la *Chrysopa linensis* nueva para la ciencia.

5. Les (21 Jul.)

Gratísima fué nuestra estancia en Les, aunque muy breve. Tomada en las Bordas una tartana que pasaba llegamos a Les con toda comodidad y celeridad cuando en el Colegio de San José iba a procederse a la distribución de premios. Saludado el H. León Hilario e instalados por su indicación en una buena fonda francesa, comenzamos desde luego la caza por los prados y árboles que se levantan a la derecha del Garona, la cual continuamos por la tarde a la izquierda con el H. Hilario, quien a sus finezas añadió la de tenernos de comensales en la cena, en su Colegio. Unas 46 especies de Neurópteros cogidas aquel día indican bastante la riqueza de la región y cuán satisfecho quedé de la jornada, sobre todo teniendo en cuenta que más de una resultó nueva al ser estudiada.

6. Bosost (22 Jul.)

Guiados por el H. Hilario salimos a pie a las 7 de la mañana hacia Bosost, distante tres kilómetros de Les, y dejando el pueblo a la izquierda subimos al Portillón (1308 m.), donde habíamos de hacer la principal caza. Así fue en efecto. Mi compañero Sr. Codina tuvo la fortuna de capturar unos *Ascalaphus libelluloides* Sch., mas padeció la desgracia de una fuerte torcedura de pie que casi le inutilizó los tres postreros días de la excursión. Los demás tuvimos el capricho de pasar por el magnífico bosque de abetos hasta la frontera de Francia, donde penetramos, donde cogí una *Erebia* por llevar algo de la nación vecina, y allí mismo el Sr. Gómez sacó la fotografia de la piedra que marca el limite de ambas naciones.

La impedimenta encargada en Les a la tartana vino con nosotros de Bosost a Salardú a donde llegamos a las 8 3/4, instalándonos en la fonda de Abadía, tan buena como económica. Antes empero en las Bordas tuvimos el sentimiento de perder a nuestro compañero Sr. Gómez, quien satisfechos ya sus deseos y no esperando mucho más por aquella parte que se acomodase a sus ideales, despidióse de nosotros, para regresar con próspera fortuna a Zaragoza.

7. Salardú (23 Jul)

Muy variada fué nuestra excursión en Salardú. A las 8 1/2 salimos con el H. Hilario deseosos de llegar al llano de Beret (1872 m.), como lo realizamos, comiendo en la misma fuente del Garona, a las 12 del día. Pocos cientos de metros más allá en una lomita una piedra erigida como un menir marca la división de las aguas, corriendo las unas por el Garona hacia el Atlántico y las otras por el Noguera hasta el Mediterráneo. Bajando de ella unos pasos vimos la fuente del Noguera Pallaresa, y en la lagunilla que le da origen hallé tres especies de Neurópteros, de las cuales mencionaré aqui la *Æshna juncea* recién evolucionada.

8. Viella (24 Jul.)

A la capital del valle de Arán nos dirigimos en tartana la tarde del 23. Quedóse el H. Hilario en el Colegio que allí tienen los Hermanos de la Doctrina Cristiana. La mañana del día 24 empleéla en explorar las orillas del río Negro con tal fortuna que al primer lance cogí dos o tres raras especies, y por remate de la excursión cacé en un pequeño prado media docena de *Ascalaphus libelluloides* Sch., en que distingui dos variedades nuevas.

9. Glaciar de Aneto (26 Jul.)

Haré mención especial de esta altura por no hallar dónde colocar una especie, *Sialis excelsior* sp. n.

que hallé a la de unos 3.000 metros en frente y al pie del glaciar de Aneto.

Despedidos·en Viella cordialmente del H. Hilario que allí había de permanecer unos días regresamos el Sr. Codina y yo a las Bordas y de alli a Artiga de Lin aquel mismo día y a Benasque el 26.

Anticipándome algo por el camino desviéme a la izquierda para escalar el collado llamado del Ojo del Toro (2287 m.), como lo verifiqué por entre nieves y peñascales no sin trabajo, el cual quedó sobradamente recompensado al hallar posados en las hierbas de unas lagunillas que se forman en frente del glaciar de Aneto, casi a 3.000 metros, varios ejemplares de una *Sialis* que he creído nueva y de que pude coger 20. Gozoso con este trofeo descendi más de 5oo metros al valle donde vi el nacimiento del Esera y no pocos objetos naturales dignos de consideración, amén de un gran rebaño de mulas y otro de vacas, reuniéndome al fin en el Hospital de Benasque con el señor Codina que había llegado media hora antes y ya estaba cuidadoso de mi ausencia.

El Run y Graus (27 Jul.)

Partidos de Benasque el 27 por la mañana en la tartana de línea, tuvimos que aguardar en el Run la salida del automóvil, que no la verificaba hasta las tres de la tarde. Este espacio nos lo dió para explorar las orillas del Esera, con suerte no despreciable.

Llegados a Graus a las 5 y 1/2 de la tarde era de rigor visitar a mi antiguo discípulo D. Gonzalo Lasierra, cuyos dos hijos se educan actualmente en el Colegio del Salvador, con quienes pasé un buen rato en el jardin de su casa cogiendo algunos insectos. Ya no fue posible volver a cenar a la fonda, debiendo ceder a las instancias de la familia de D. Gonzalo que nos quisieron tener por comensales aquella noche.

Visitado asimismo mi discípulo del curso pasado D. Fernando Ríos en Benabarre donde veraneaba en casa de sus tíos, y llegados en automóvil à Binéfar al mediodía del 28, despedímonos alli los dos amigos y fieles excursionistas, continuando el Sr. Codina su viaje a Barcelona y tomando yo el tren de las 3 y 1/4 que antes de las 8 de la noche me puso en Zaragoza.

Al formar la lista de los Neurópteros hallados en la excursión la presentaré en su conjunto, para evitar repeticiones, indicando en cada especie las localidades donde la hallamos.

Libelúlidos.

1. *Libellula depressa* L. El Run. Fuente del Noguera Pallaresa, a 1872 m.
2. *Orthetrum brunneum* Fonsc. El Run.
3. — *cœrulescens* Fabr. Las Bordas, Bosost.
4. *Sympetrum flaveolum* L. Benasque.

Ésnidos.

5. *Æshna juncea* L. Fuentes del Noguera Pallaresa, a unos 1872 metros. Un ejemplar ♀ cogido mangueando sin advertir, recién salido de la envoltura ninfal. La captura de este ejemplar desvanece la duda de la existencia de la especie en Cataluña.
6. *Cordulegaster annulata* Latr. var. *immaculifrons* Sel. Bosost.

Agriónidos.

7. *Agrion virgo* L. El Run, Bosost, Les.
8. *Lestes sponsus* Hans. Bosost, cerca del Portillón. Abundante.
9. *Pyrrhosoma nymphula* Sulz. Benasque.
10. — *tenellum* Vill. El Rum.
11. *Cœnagrion mercuriale* Chap. El Run.
12. *Ischnura pumilio* Charp. Bosost.

Efeméridos.

13. *Ephemera danica* Müll. El Run.
14. *Ephemerella ignita* Poda. Viella. Varios ejemplares subimagos e imagos, a orillas del río Negro.

15. *Habrophlebia fusca* Curt. Campo, Benasque, Artiga de Lin, Les, Bosost.
16. *Rhithrogena semicolorata* Curt. Salardú.
17. — *aurantiaca* Burm. Benasque.
18. *Ecdyurus fluminum* Pict. Les.
19. — *forcipula* Pict. El Run, Benasque, Bosost.
20. *Bœtis binoculatus* L. Les.
21. — *niger* L. Benasque, Artiga de Lin, Salardú.
22. — *Rhodani* Pict. Les, Salardú.
23. — *pumilus* Burm. Les.
24. — *longipennis* Nav., sp. nov. (Rev. de la R. Acad. Cienc de Madrid, 1916).
25. *Centroptilum luteolum* Müll. Benasque.

Pérlidos.

26. *Perlodes intricata* Burm. Hospital de Benasque. Varios ejemplares dados por D. Fernando Sagarra.
27. *Dinocras cephalotes* Curt. Benasque y Hospital.
28. *Perla bicaudata* L (*maxima* Scop.). Benasque, Hospital, Bordas.
29. *Esera fraterna* Nav. Benasque.
30. *Chloroperla rivulorum* Pict. Run, Les, Bosost, Salardú.
31. *Isopteryx torrentium* Pict. Campo, El Run, Benasque, Bosost, Les, Bordas, Salardú. Abundantisima.
32. *Nemura avicularis* Morton. Artiga de Lin. Un ejemplar ♀ cogido en el Pomero a unos 2 000 metros. Nueva para España.
33. — *humeralis* Pict. Run, Benasque, Bordas, Viella, Salardú.
34. — *inconspicua* Pict. Benasque, Bor-
35. — *variegata* Oliv. Benasque. Ejemplar intensamente coloreado.
36. — *fulviceps* Klap. Artiga de Lin (Codina), Salardú.

37.   *Nemura fumosa* Ris. Las Bordas.
38.   *Leuctra inermis* Kpny. Benasque, Les, Bordas, Bosost, Viella, Salardú.

Ascaláfidos.

39.   *Ascalaphus libelluloides* H. Schær. var. *tessellata* Nav. (Rev. R. Acad. Cienc. de Madrid, 1916, p. 245). Viella.

40   —   — var. *areolata* Nav. (Ibid.) Viella.

Las variedades de esta especie que conozco pueden tabularse así:

1.   Mancha media de las alas de un amarillo franco e intenso. . . . . 2.

— La misma de un amarillo pálido o blanquizco . . . . 3.

2.   Mancha basilar negra del ala posterior llena, sin puntos o aréolas amarillas, la amarilla anteapical con las celdillas parduscas en el centro . . . . 1. *tessellata* Nav.

— Mancha basilar negra con casi todas las celdillas amarillas en el centro, la apical amarilla casi desvanecida por la abundancia del pardo . . . . 2. *areolata* Nav.

3.   Mancha basilar negra entera.
. . . . 3. *leucocelia* Costa.

— La misma con algunas manchitas redondeadas pálidas. . . . . 4. *guttulata* Costa.

Osmílidos.

41.   *Osmylus fulvicephalus* Scop. var. *lota* Nav., nov. (Rev. R. Ac. Cienc. de Madrid, 1916, p. 246). Les.

Hemeróbidos.

42   *Sympherobius striatellus* Klap. Viella. Dos ejemplares, ♂ y ♀ en todo conformes con la

descripción original (Bulletin international de l' Académie des Sciences de Bohême, 1906). Artiga de Lin. Un ejemplar ♂ menos coloreado que refiero igualmente a esta especie. Les (Codina).

La lámina subgenital del ♂ es obtusa y saliente detrás del abdomen.

Me inclino a confirmar la sospecha, manifestada amigablemente en carta, del Sr. Morton, de' Edimburgo, de que a esta misma especie pertenezca también mi *S. Vicentei*, de Ortigosa (Bol. Soc. Arag. Cienc. Nat. 1914; p. 34). El ejemplar de Ortigosa es algo más pálido que estos del valle de Arán, pero en lo demás muy parecido. En ellos las venillas gradiformes están dispuestas con más regularidad de lo que dice Klapálek para su especie. ·

43. *Hemerobius micans* Oliv. Artiga de Lin, Bosost, Les.
44. — — var *conspicua* Nav. nov. (Rev. R. Acad. Cienc. de Madrid, 1916, p. 247). Bosost.
·45. — *lutescens* F. Artiga de Lin. Les.
46. *Megalomus hirtus* L. Artiga de Lin, Salardú.
47. *Micromus paganus* L. Bosost, Portillón. Nuevo para Cataluña.

Crisópidos.

48. *Chrysopa vulgaris* Schn., tipo. Graus, Run, Benasque, Les, .Viella, Salardú, Artiga de Lin.
49. — — var. *æquata* Nav. Les.
50. — — var. *striolata* Nav. nov. (Rev. R. Acad. Cienc. de Madrid, p. 593). Bosost.
51. *linensis* Nav., nov. (Rev. R. Acad. Cienc. de Madrid, 1916, p 594). Artiga de Lin.
51. — *flavifrons* Brau. var. *monticola* E. Pict. Bordas.
52. — — var. *vestita* Nav. Les.

53. *Chrysopa tenella* Schn. var. *aranensis* Nav.
54.   —   *prasina* Burn. Benasque, Artiga de Lin.
55.   —   — var. *adspersa* Wesm. Les.
56.   —   — var. *striata* Nav. Salardú. Varios ejemplares.
57. *Chrysotropia melaneura* Nav., sp. nov. (Rev. R. Acad. Cienc de Madrid, 1916, p. 596). Les.
58.   —   — var. *furcata* Nav. nov. (Ibid., p. 597). Bordas.
59.   —   — var. *absona* Nav., nov. (Ibid., p. 598). Artiga de Lin.
60. *Nineta vittata* Wesm. Artiga de Lin.
61.   — *flava* Scop. Bordas, Les. Nueva para España.

Coniopterígidos.

62. *Coniopteryx tineiformis* Curt. Las Bordas, Bosost, Salardú.
63.   — *pygmœa* End. Las Bordas, Viella.
64. *Semidalis curtisiana* End. Salardú.
65. *Conwentzia psociformis* Curt. El Run (Codina).

Siálidos.

66. *Sialis excelsior* Nav. sp. nov. (Rev. R. Acad. Cienc. de Madrid, 1916). Benasque, enfrente del Aneto, a unos 3.000 m.
67.   — *didyma* Nav., sp. nov. (Rev. R. Acad. Cienc. de Madrid, 1916). Les (Codina).

Sócidos.

68. *Psocus nebulosus* Steph. Les.

69.   *Amphigerontia bifasciata* Latr. Artiga de Lin, Bosost, Viella, Salardú.

70.   *Graphopsocus cruciatus* L. Las Bordas, Bosost, Salardú.

71.   *Stenopsocus immaculatus* Steph. Viella, Las Bordas, Bosost.

72.   —   *stigmaticus* Imh. et Labr. Bosost, Las Bordas.

73.   *Cœcilius flavidus* Curt. El Run, Bordas, Bosost, Les.

74.   —   *obsoletus* Steph. Les.

75.   —   *fuscopterus* Latr. Las Bordas.

76.   —   *piceus* Kolbe. Las Bordas, Bosost.

77.   *Pterodela pedicularia* L. El Run.

78.   *Philotarsus flaviceps* Steph. Les. Varios ejemplares.

79.   *Elipsocus hyalinus* Steph. Artiga de Lin, Las Bordas.

80.   *Peripsocus phœopterus* Steph. Les, Bosost, Bordas, Salardú.

Panórpidos.

81.   *Panorpa communis* L. Viella. Varios ejemplares junto al río Negro. Artiga de Lin (Codina). Especie muy rara en España, nueva en Cataluña.

82.   —   *meridionalis* Ramb. Benasque, Bordas, Bosost, Les, Salardú. Ejemplares bien coloreados, con la faja estigmática ahorquillada en general completa, tiridio poco marcado, haciéndose apenas más pálida la malla en la mancha tiridial.

83.   —   —   var. *fenestrata* Nav. El Run, Las Bordas.

Limnofílidos.

84.   *Limnophilus centralis* Curt. Salardú, Bosost.
85.   —   *extricatus* Mac Lachl. Salardú, Benasque.
86.   —   *griseus* L. Benasque.
87.   *Drusus annulatus* Steph. El Run, Benasque, Las Bordas, Les, Viella, Salardú. Abundantísimo en el Hospital de Benasque, mangueando por las hierbas y matas de orillas del Esera.
88.   *Eclisopteryx guttulata* Pict. Benasque, Las Bordas, Les, Viella.
89.   *Stenophylax nigricornis* Pict. Artiga de Lin (Codina). Nuevo para España.
90.   —   *stellatus* Curt. Benasque (Codina). Un ejemplar ♂ con las alas anteriores poco marcadas de pálido.
91   *Apatania stylata* Nav. sp. nov. (Rev. Ac. Cienc. de Zaragoza, 1916, p. 76, fig. 2). Hospital de Benasque. Varios ejemplares ♂, uno ♀.

Sericostómidos.

92.   *Sericostoma pyrenaicum* E. Pict. Benasque, a orillas del Esera. Un ejemplar ♂ de color subido, sin franjas pálidas a trechos en las alas, una mancha discal algo pálida en el ala posterior.
93.   —   *Selysi* Ed. Pict. El Run, Artiga de Lin, Les. Los huevos son de un verde obscuro o lívido.
94.   *Silo Graellsi* E. Pict. Benasque.
95.   *Crunœcia irrorata* Curt. Las Bordas.
96.   *Micrasema nigrum* Burm. Benasque, Bordas, Bosost, Les, Viella, Salardú. Abundante.

Odontocéridos.

97.   *Odontocerum albicorne* Scop. El Run, Benasque, Artiga de Lin, Bosost, Les.

Molánidos.

98. *Berœa maura* Curt. Les.

Leptocéridos.

99. *Adicella reducta* Mac Lachl. Les, Bosost.

Hidropsíquidos.

100. *Hydropsyche pellucidula* Curt. Benasque.
101.   —   *instabilis* Curt. Les.

Policentrópidos.

102. *Plectrocnemia conspersa* Curt. Artiga de Lin, Bosost, Les.

Sicomíidos.

103. *Lype reducta* Hag. Les.
104. *Psychomyia pusilla* F. Campo.

Pilopotámidos.

105. *Philopotamus variegatus* Scop. Artiga de Lin, Viella.
106.   —   *montanus* Don. Artiga de Lin, Bosost, Les.
107. *Wormaldia ambigua* Nav. sp. nov. (Rev R. Acad. Cienc. de Madrid, 1916, p. 600, fig. 5). Les.

Riacofílidos.

108. *Rhyacophila tristis* Pict. Artiga de Lin.
109.   —   *occidentalis* Mac Lachl. Les . (Codina).
110.   —   *rupta* Mac Lachl. Artiga de Lin. Bosost. Mac Lachlan (Rev. and Synopsis, p. 451) ya la había citado del valle de Arán «streams above Léz, 1.700 ft., 24 th June, and at a torrent in the ravine above Melles, 4,500 ft., 26 th June, Haute Garonne, Eaton».
111. *Glossosoma vernale* Pict. Benasque.
Creo que es la primera vez que se cita de la vertiente meridional de los Pirineos. Mac Lachlan (Revision and Synopsis, p. 473) lo cita de España "bet-

ween Bosost and Les, Val d' Aran, Pyrenees, 20 th June, Eaton", mas añade una nota: "Politically in Spain, but north of the crest of the Pyrenees". Sin embargo ya antes lo cogí en Valvanera (Logroño), 23 de Julio de 1912 y en el Moncayo 3 de Agosto de 1914, citando este último en este boletín (1914, p. 218) con el nombre de *Glossosoma* sp.

112. *Agapetus fuscipes* Curt. Les, Las Bordas; El Run.

113. — *odonturus* Nav., sp. nov. (Rev. R. Acad. Cienc. de Madrid, 1916). Salardú.

Las Minas de Azufre en Libros (Teruel)

Dada la importancia del papel que juega el azufre, tanto en lo que se refiere a la industria química, como en sus conexiones con la agricultura, aceptamos con verdadero agrado la invitación a un viaje cuya finalidad fuera la visita de los famosos yacimientos de Libros (Teruel) en explotación por un grupo de capitalistas genuinamente nacionales, tal vez en su totalidad aragoneses, que impulsa actualmente con creciente éxito su negocio.

Y si bien, por muchas razones, no debo referirme con minuciosidad a lo que constituye una propiedad de "LA INDUSTRIAL QUÍMICA DE ZARAGOZA", ventajosamente conocida en nuestra península, creo no esté fuera de lugar algún borroso apunte, referente a la explotación, que me sirva de pretexto para dar menos escueta una noticia paleontológica, interesante, quizá, para algún lector, y que es el motivo de esta nota.

La "azufrera de Libros" se halla enclavada en la provincia de Teruel, a unos 36 kilómetros de la capital; y el conjunto de sus minas comprendido en el manchón terciario más meridional que aparece en el mapa de la COMISIÓN DEL MAPA GEOLÓGICO DE ESPAÑA, que acompaña a la obra de D. Daniel de Cortázar "Bosquejo Físico-Geológico y Minero de la Provincia de Teruel" publicada en 1885; en la cual, con interesantes generalidades sobre las minas que nos ocupan, habla ligeramente del intermitente proceso de la explotación hasta el año en que dio a conocer su trabajo.

La formación de Libros, que para cuantos geólogos la han visitado, pertenece al *mioceno lacustre*, constituye un sinclinal cuyos estratos buzan unos 6°; siendo la dirección aproximada del mismo, Norte Sur. Desecado el lago mioceno, de cuyo fondo debía formar parte el sinclinal aludido, por dislocamiento geológico que ocasionó el derrame de sus aguas; el azufre que impregna las capas margosas explotables, pudo formarse por reducción de los sulfatos, del yeso sobre todo, en contacto con los materiales orgánicos en tanta abundancia depositados. En la serie de cabezos, de que forman parte el Morrón de la Nava y la Umbria de Cascante, la capa reconocida por Braun, Maestre, Cortázar, etc , etc., se encuentra a unos 70 metros de profundidad, teniendo un espesor medio de un metro. Pero posteriormente, y como consecuencia de los trabajos efectuados por LA INDUSTRIAL QUÍMICA, se han encontrado hasta seis capas más; en las que se aprecia el tránsito desde la marga azufrosa pobre al azufre casi puro, pasando por zonas en que aguas filtrantes han emulsionado el azufre arrastrándolo consigo de tal modo que en dichas proporciones no quedan vestigios de él; fenómeno a que los mineros se refieren diciendo que una capa así está "podrida".

Todas las capas azufrosas se encuentran interestratificadas con pizarras bituminosas, abundando mucho en el yacente fósiles de los géneros *Planorbis*, *Limnœa, y Bythinia*, así como de restos vegetales lacustres.

Trabajan en los diferentes "tajos" del interior de las minas "regando" (los mineros dicen "encovando"), en el yacente de la capa; operación que consiste en picar, hasta profundidad de un metro, y en longitud de varios, la pizarra en que se apoya la capa azufrosa. Encovada la porción necesaria cae el mineral en gruesos trozos por medio de explosiones de dinamita provocadas en el pendiente; sacándose por la galeria o "calle" al exterior, como explotación que es en "flanco de ladera".

En dos baterías de hornos, San Juan y San Antonio, del tipo siciliano, modificado para el mineral y carbón de Libros, se extrae el azufre de primera fusión que recogido en gavetas de madera queda en forma de pastillas de unos 5o kilogramos. Y de estas se alimentan retortas de refino convenientemente dispuestas para que el azufre volatilizado condense y se funda en camaretas comunicadas con las retortas. Evitando que las paredes de las cámaras de condensación se calienten, en exceso, para lo cual disponen de grandes espacios, se obtiene el producto comercialmente llamado "flor de azufre".

Complemento de tan interesante explotación son las minas de lignito que la Sociedad posee a unos 6 kilómetros de las de azufre; ya en el reino de Valencia. La capa que utilizan, de un espesor medio de 1,5o metros, pertenece al mioceno medio y se encuentra entre margas arcillosas; abundando en el yacente *Planorbis, Paludinas, Limnœas y Bythinias*. Y en la marga del pediente fueron hallados, en el curso de los trabajos, hará unos seis meses, restos fósiles en abundancia que, según el distinguido ingeniero de minas D. Carlos Fernández de Caleya, debieron pertenecer al *Mastodon arvernensis*. Fueron extraídos, y se guardan en la casa del Consejo, hasta que de ellos disponga el INSTITUTO GEOLÓGICO del Estado, a quien fueron ofrecidos, más de un centenar de fragmentos del esqueleto de tan poderoso mamífero; entre los que se cuentan, seis molares, pedazos de huesos craneanos, varias cabezas articulares, etcétera, etc.

Las fotografías 1 y 2 muestran dos aspectos del resto más importante; una porción de mandíbula con dos molares; siendo la longitud de este fósil de unos 0,23 m. La 3 representa otro molar de unos 0,18 m. de longitud. Y la 4, un trozo de unos 0,20 m., a que quedó reducida una defensa que al ser hallada tendria, en opinión de testigos presenciales, 1,5o m. aproximadamente.

Me seria imposible terminar la esquemática noticia de lo visto en las minas de Libros sin testimoniar

Fig. 1.—Trozo de mandíbula visto de lado.

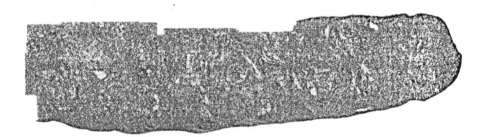

Fig. 2.—Id. visto por encima

Fig. 3.—Molar.

Fig. 4.—Trozo de defensa.

Restos del Mastodonte de Libros.

al Consejo de LA INDUSTRIAL QUÍMICA DE ZA-
RAGOZA mi reconocimiento por tan delicada atención recibida durante la estancia. En particular a los
Sres D. Vicente García Navarro, Consejero, y al citado ingeniero D. Carlos Fernández de Caleya, envío
desde las columnas de nuestro BOLETÍN mis gracias
más expresivas.

DR. JOSÉ PUEYO LUESMA,
Ingeniero industrial.

Zaragoza, Agosto de 1916.

CRÓNICA CIENTÍFICA

SEPTIEMBRE

ESPAÑA

BARCELONA.—La *Institució Catalana d' Historia Natural* además de la publicación ordinaria del boletín acaba de dar al público en unión y bajo el patrocinio del *Institut de Ciencies* un hermoso volumen con el título de *Treballs de la Institució Catalana d' Historia Natural*, con 280 páginas de texto, numerosas figuras y 14 láminas, dos de ellas en tricomía, ejecutadas como las demás en los talleres de Missé Hermanos, las cuales representan, respectivamente, una especie y variedad nueva de aves, *Caccabis ornata* Sol. y *Picus Sharpei* Saund. var. *levantina* Sag. Seis memorias integran este volumen: Excursión botánica a la Cataluña transibérica, D. Pío Font y Quer; Iconografía y descripción de formas malacológicas de las cuencas del Noguera Pallaresa y Ribagorzana, D. Arturo Bofill; Contribución a la fauna lepidopterológica de Cataluña, D. Alfredo Weiss; Contribución al estudio de los Helechos de Cataluña, P. Joaquin M.ª de Barnola, S. J.; Novedades ornitológicas, D. Ignacio de Sagarra; Anfineuros de Cataluña, D. José Maluquer.

BOLTAÑA (Huesca). — D. Luciano Antonio Edo comunica haber capturado la *Graellsia Isabellœ* Graélls (Lep.) en aquella localidad del alto Aragón, localidad nueva y digna de comignarse del más hermoso Lepidóptero de nuestra patria.

GUADARRAMA (Madrid) —De interés es el hallazgo de un Diptero nivícola del género *Chionea* desprovisto de alas, de la familia de los Limnóbidos, a la altura de 1600-1800 m., siendo de notar que el insecto no sale sino los días nublados y más fríos del invierno, según consigna D. Cándido Bolívar, que lo halló corriendo sobre la nieve.

MADRID.—De un libro publicado por la Comisión de Investigaciones Paleontológicas titulado "El hombre fósil", es autor el Dr. H. Obermaier. Constituye un volumen de 397 páginas con 112 grabados intercalados en el texto y 19 láminas, algunas de color, siendo una obra completa de antropología, arqueología, paleontología y geología maternaria.

— D. Santiago Ramón y Cajal ha sido elegido Corresponsal de la Academia de Ciencias de París en la sección de Anatomía y Zoología en substitución de D. Juan Pérez, difunto. En la votación obtuvo 36 votos entre los 41 votantes.

NÍJAR (Almería).—En la mina "María Josefa" el ingeniero D. Enrique Vargas encontró un yacimiento de cuarzo aurífero El filón, que es de cerca de un kilómetro de longitud, se encuentra en roca traquítica, constituyendo una formación hipogénica moderna. El mineral se halla rellenando grandes grietas del terreno, siendo su riqueza en oro de 40 a 50 gramos por tonelada, llegando en algunas muestras a 400 ó 500 gramos por tonelada.

POZUELO (Ciudad Real).—El coleóptero *Saprinus calatravensis* Fuente identificado sucesivamente con el *S. biskerensis* Mars. y *S. biterrensis* Mars. es definitivamente separado de ellos por el Sr. Auzat mediante la comparación de los tipos y queda como especie autónoma, propia de España.

TOLEDO.—Los llamados "Montes de Toledo" han sido estudiados con pacientísimo trabajo de investigación por el joven doctor en Ciencias Naturales don Joaquín Gómez de Llarena, siendo expresión de su labor la memoria del Doctorado. Merced a este estudio aquellos montes centrales de España, tan monótonos en sí como difíciles de estudiar geológicamente a causa de la vegetación que los cubre nos son ya conocidos geográfica y geológicamente. Ilustran la me-

moria nueve figuras intercaladas en el texto, las más
de ellas cortes geológicos, ocho láminas de vistas fotográficas y dos mapas, el uno para indicar las zonas
de altitud y el otro, de color, para marcar los diferentes sistemas geológicos.

ZARAGOZA.—El 28 de Mayo celebróse con gran esplendor la sesión inaugural o pública de la nueva
Academia de Ciencias de Zaragoza. Asistieron al
acto, tenido en el Paraninfo de la Facultad de Ciencias, el Sr. Rector de la Universidad y representaciones o delegaciones de las principales entidades de
Zaragoza, Sr. Arzobispo, Cabildo catedral, Gobierno
civil, Diputación, Capitanía, Municipio, etc., etc. Re-
presentó a nuestra Sociedad D. Ramón Gómez Pou.
El Sr. Secretario perpetuo D. Manuel Martínez Risco
leyó una memoria en la que se explicaba la génesis
de la Academia hasta su estado actual, sus fines, sus
intentos. A continuación el Presidente de la Academia Ilmo. Sr. D. Zoel Garcia de Galdeano leyó su
discurso inaugural sobre el tema "La Ciencia, la Universidad y la Academia". El Sr. Vicepresidente de la
Academia que presidía la sesión D. Cayetano Ubeda
en el discurso de clausura dirigió al selecto y numeroso público sentidas frases exponiendo los ideales de
la Academia y solicitando la benevolencia de las personas cultas de Zaragoza. El acto revistió seriedad y
solemnidad académica no vulgares, mereciendo calu-
rosos aplausos de todos los que a él asistieron.

EXTRANJERO

EUROPA

ANDORRA.—La excursión de la Sociedad Aragonesa de Ciencias Naturales por esta república ha sido
fecunda en resultados, especialmente en Botánica y
Entomología. Los PP. Barnola y Navás dedicaron
diez días (4-14 de Julio) a la exploración de buena
parte del valle.

BRUSELAS.—Por tarjeta postal escrita en Bruselas

.el 7 de Junio y llegada a Zaragoza el 8 de Septiembre se ha sabido que el hermoso Museo del Congo no ha sufrido lo más mínimo en el actual conflicto y sus colecciones continúan intactas. Al frente de las entomológicas sigue el Dr. Schouteden que antes de la guerra las cuidaba y estudiaba con el titulo de Conservador

ESTRASBURGO.—Fallece el Prof Gustavo Schwalbe, Profesor de Anatomía desde 1883. Nació en 1844, hizo sus primeras investigaciones sobre los Infusorios, pasó a varias Universidades de Alemania y Holanda y finalmente establecióse en Estrasburgo. Por muchos años dirigió la revista "Zeitschrift für Morphologie und Anthropologie"

DUBLÍN.—En la sesión que el 26 de Junio celebró la Real Academia de Irlanda vemos que ocupó el sillón presidencial el Rdmo. Dr. Bernad, Arzobispo de Dublín.

FRODINGHAM (Escocia).—Un hongo fósil *Phycomycetes Frodinghami* Ellis se ha descubierto en el jurásico de Linconlshire. Parece ser el primer hongo de las rocas jurásicas que se haya encontrado. La causa probable de su conservación créese ser la absorción por el organismo del hierro que contenía el agua ambiente. De esta suerte los tejidos quedaron impregnados de óxido de hierro. Es de notar además que dicho hongo se encontró en un depósito marino.

GINEBRA.—Curiosos estudios sobre el equilibrio natural entre las diversas especies animales ha hecho D. A. Pictet en las Actas de la Sociedad de Física y de Historia Natural de Ginebra. El autor averigua que un par de mariposas de la col (*Pieris brassicæ*) produce 5oo huevos; si el número de individuos de la especie ha de permanecer constante el 99'6 de las larvas ha de ser destruído. Recogió todas las larvas que halló en un arbusto en número de 148 y halló que 137 de ellas habían sido parasitadas por un pequeño Himenóptero del género *Microgaster*; 9 murieron de enfermedad·y solas 2 completaron sus transformaciones. Naturalmente no se puede dar un valor absoluto y general así a este hecho como el cálculo.

LAUTARET (Altos Alpes).—El *Touring Club* ha recibido del fondo Bonaparte que reparte la Academia de Ciencias de Paris 3.000 francos para contribuir al establecimiento del Jardín botánico. Esta instalación comprenderá no sólo un jardin modelo con colecciones de plantas vivas, sino también un laboratorio, un museo y varios terrenos de ensayo, situados a diferentes altitudes, en diversas exposiciones y en suelos de variada composición natural, para en ellos hacer experiencias con plantas forrajeras con que restaurar los pastizales, repoblar los montes y conservar la flora alpina.

MANCHESTER.—El número de escolares de la Universidad el curso pasado fue de 1165. En el de 1914-15 fue de 1415 y de 1654 en el de 1913-14. La lista de los individuos actuales o antiguos de la Universidad alistados en el ejército pasa de 1300 y el de bajas sube a 90.

Moscou.—Con el titulo francés de *Revue Zoologique Russe* ha comenzado una nueva publicación científica. La editan los profesores de la Universidad A. N. Sewertzoff y W. S. Elpatiewsky. El plan de los editores es publicar notas preliminares y cortos artículos sobre Zoología, Anatomía comparada, Histología y Embriología, junto con extractos, noticias y bibliografía. El texto es o bien en ruso con resumen francés o inglés o bien en francés o inglés con resumen en ruso.

MUNICH.—El Dr. Juan Ranke, profesor de la Universidad, fallece lleno de años y de honores. Nació en 1836; inauguró sus estudios con el del tétanos; luego se dedicó a la fisiología y finalmente diose de lleno a la antropología fisica, publicando notables contribuciones al conocimiento de este ramo. Por muchos años fue el editor de la revista *Archiv für Antrhropologie*.

PARÍS.—Fallece el Prof. Elias Metchnikoff el 15 de Julio en el Instituto Pasteur, de que era Director, a los 71 años de edad. Se ha hecho célebre por sus investigaciones biológicas. Nació en 1845 en Ivanavka, cerca de Karkoff. Su padre era originario de Moldavia y su madre judía. Hechos sus estudios en Karkoff pasó en 1864 a Alemania donde se inició en la Biología. En 1870 fue nombrado Profesor ordinario en la Universidad de Odesa, donde en 1875 casó en segundas nupcias con Olga Belocoyitoff su discípula y en adelante su compañera en los estudios científicos, autora a su vez de numerosos trabajos de propia investigación. En 1882 salió de Odesa a causa de los disturbios políticos que ocurrieron y dirigióse a Mesina. De nuevo fue llamado a Odesa para ser director del laboratorio biológico de reciente fundación; mas no encontrando condiciones a propósito para sus estudios dejó aquel puesto y fue a París al lado de Pasteur. Aquí se hizo célebre por sus estudios sobre la fagocitosis, diapédesis y otros fenómenos biológicos, así como sobre diferentes bacterias. Era individuo de número de la Academia de Ciencias de París, corresponsal de la de Petrogrado y de otras sociedades. En 1908 se le otorgó el premio Nobel por sus investigaciones sobre la inmunidad. Según su última voluntad su cadáver fue quemado y la urna que contiene sus cenizas ha sido colocada en la biblioteca del Instituto Pasteur.

SEBASTOPOL.—Un estudio de los Nematodos del golfo de Sebastopol ha sido publicado por J. Filipjev en las actas de la Estación Biológica de Sebastopol. Descríbese un centenar de especies, únas 80 de ellas nuevas y unos cuantos géneros también nuevos. Además se dan nociones sobre su biología y distribución geográfica.

ASIA

BAIKAL.—La Academia Imperial de Ciencias de Petrogrado propone la fundación de una estación biológica en el lago Baikal. Es el mayor de los lagos de agua dulce de Europa y Asia y dícese que es el más profundo del globo, por lo que posee una fauna muy variada y por varios respectos única. Algunos de sus peces son exclusivos de él y vense formas abisales y arcaicas muy notables. El proyecto, acariciado por mucho tiempo por los naturalistas que visitaban dicho lago, va en vías de realización por el donativo de 40.000 francos hecho por D. A. Utorov, de Siberia. La Academia ha nombrado una comisión para concretar y realizar el proyecto.

JAPÓN.—La Sociedad entomológica del Japón ha trasladado su asiento de Tokyo a Kyoto En el primer cuaderno del tomo II de su *Entomological Magazine* publícanse en inglés multitud de especies nuevas de Dipteros y exhíbese una hermosa lámina en color de Lepidópteros del Japón poco conocidos. Al propio tiempo comienza a distribuirse el Catálogo de los Insectos del Japón, vol. II, Coleópteros.

ÁFRICA

ÁFRICA.—La flora fanerogámica del África conocida hasta el presente cuenta 226 familias, 3.551 géneros y 39.800 especies, o sea en números redondos 40.000, según la obra del Dr. Thonner. "Las plantas con flor del Africa" publicada en alemán en 1908 y que acaba de ser traducida al inglés y revisada por Rendle. La flora total del globo conocida, según el mismo autor, es de 10.055 géneros con un total de 144 500 especies. El área abarcada por la obra de Thonner incluye todas las islas africanas, desde las Azores a Tristán de Cuña, Socotora, Mascareñas, Madagascar y Kerguelén. Dicha obra trae los caracteres de los géneros. En su revisión Rendle ha añadido la descripción de las plantas publicadas posteriormente a 1908.

COMORES (Archipiélago).—El Sr. Lacroix, de París, ha estudiado detenidamente las rocas de este archipiélago. Resulta que es enteramente volcánico, y su estudio geológico se efectúa con dificultad a causa del manto de vegetación exuberante que cubre el suelo. Predominan las tobas basálticas.

MELILLA.—En un ejemplar de *Alosa vulgaris* pescado en aquella localidad, D. Fernando de Buen halló un *Gobius pictus* Malm. alojado en la cavidad branquial de aquel Chupeido y que lo cree su comensal, venido con él en sus emigraciones de los mares del Norte. Su longitud total, sin la caudal, es de 36 mm.

AMÉRICA

BAJA CALIFORNIA —El resultado de una larga excursión de casi un año realizada por D. E. A. Goldman se consigna en las Contribuciones para el Herbario Nacional de los Estados Unidos. La península florísticamente se divide en dos partes, superior, análoga a la de California (E. U.) e inferior, de aspecto austral, semejante a la del continente mejicano. Las altas montañas están coronadas de encinas y pinos y en las regiones más áridas se desarrolla una vegetación de formas abigarradas y monstruosas Algunos géneros notables son propios de la península. Descríbense como nuevas 22 especies.

NUEVA JERSEY.—Son de interés las consideraciones y gráficos que publica el Sr. Harry B. Weis sobre los insectos de aquel estado, en el *Canadian Entomologist* de Julio. El número total de insectos citados de aquel estado es de 10.530, de las cuales corresponde casi un tercio (3.108 especies) a los Coleópteros, próximamente un quinto (2.116) a los Lepidópteros e Himenópteros (2.005 especies), 1.707 a los Dipteros, 507 a los Homópteros, 411 a los Heterópteros, 149 a los Ortópteros, 516 a los demás órdenes. Los distribuye en las siguientes categorías, indicando gráficamente la proporción de las especies que a ellas pertenecen: nocivas a los vertebrados, nocivas a la vegetación por alimentarse de las plantas, especies predatorias, especies parásitas, especies que viven en substancias pútridas. Resulta que los Homópteteros en su totalidad son nocivos a la vegetación, también los Lepidópteros excepto una pequeña parte, y los Ortópteros, a excepción de una porción más considerable de los predatorios; los Heterópteros en su mayoría dañan a la vegetación.

La Paz (Bolivia).—En esta ciudad se establece, en virtud de un decreto presidencial, un Museo de Mi neralogía, con el fin de estudiar, exhibir y conservar metódicamente los minerales del país. Todas las empresas o particulares están obligados a proporcionar al Museo muestras de los minerales que exploten en sus propiedades. El Museo se dividirá en tantas secciones como departamentos mineros tiene la República.

Tucumán (Argentina).—La Sociedad Argentina de Ciencias Naturales ha ideado la celebración de Congresos científicos cada dos años en diferentes ciudades de la Argentina, como lo hace entre nosotros la Asociación Española para el Progreso de las Ciencias. Hasta ahora no se habían realizado asambleas de esta clase en la América meridional. La próxima va a realizarse en Tucumán en Noviembre, en conmemoración del primer centenario de la declaración de la independencia de la Argentina en 1816. Tucumán es la más populosa y activa ciudad del Norte de la Argentina y posee una Universidad con un Museo de Historia Natural. El Presidente del Congreso será D. Angel Gallardo, Director del Museo de Buenos Aires. El Congreso se dividirá en nueve secciones, cuyos títulos y presidentes respectivos son: I. Geología, Geografía y Geofísica, D. Enrique Hermitte; II. Paleontología, D. Carlos Ameghino; III. Botánica, D. C. M. Hicken; IV. Zoología, D. E. L. Holmberg; V. Biología general, Anatomía y Fisiología, D. J. Nielsen; VI. Antropología, D. J. B. Ambrosetti; VII. Ciencias Físicas y Quimicas, D. Enrique Herrero Ducloux; VIII. Ciencias aplicadas, D. T. Amadeo; IX. Educación en las Ciencias Naturales, D. V. Mercante. El Secretario general del Congreso es D. M. Doello-Jurado (calle del Perú, núm. 222, Buenos Aires), a quien han de dirigirse las comunicaciones.

L. N.

Tip. F. Gambón, Canfranc, 3 y Valencia, 2.--Zaragoza,

Tomo XV. Noviembre y Diciembre 1916. Núms. 9-10

BOLETÍN

DE LA

SOCIEDAD ARAGONESA DE CIENCIAS NATURALES

SECCIÓN OFICIAL

SESIÓN DEL 2 DE NOVIEMBRE DE 1916

Presidencia de D. Pedro Ferrando

Asisten los Sres. Aranda (D. Fernando), Bellido, P. Navás, Romeo y Vargas. Por ausencia de los señores Secretario y Vicesecretario hace sus veces el señor Bellido. Dase principio a la sesión a las quince.

Elección de Socio honorario.—El P. Navás da lectura a la siguiente moción:

"Los méritos del Rdo. D. José de Joannis, Pbro., de París, le hacen acreedor al título de Socio honorario de nuestra Sociedad: Es actualmente Presidente de la Sociedad Entomológica de Francia, siendo ésta la segunda vez que ocupa tal puesto de honor; el año pasado fue propuesto por la misma Sociedad Entomológica para Socio honorario; y es autor de innumerables y muy estimados trabajos sobre Lepidópteros. A nuestra Sociedad ha manifestado constantes simpatías y hecho repetidos favores. Por su mediación ha obtenido ella el cambio con el boletín y anales de la Sociedad Entomológica de Francia; a él se debe la determinación de todas o casi todas las especies de Lepidópteros que se han citado en nuestro boletin.

Por lo expuesto se infiere que nuestra Sociedad mostrará debido aprecio y gratitud nombrándolo Socio honorario''.

De conformidad con lo propuesto, se acuerda nombrar, por unanimidad, socio honorario al Reverendo D. José de Joannis, abundando los socios en las justas apreciaciones del P. Navás.

Correspondencia.—Léese una carta de D Manuel Vidal dando las gracias por su admisión de socio.

Nuevo socio.—El P. Navás propone a D. Joaquin Pla, de Gerona, para socio, acordándose su admisión.

Nuevo cambio.—Dase cuenta de haberse establecido cambio con la Junta Municipal de Ciencias Naturales de Barcelona, habiéndose recibido el Anuario de dicha Junta correspondiente al año actual.

Hase recibido la obra «Elementos de Historia Natural» de D Joaquín Plá Cargol.

También se han recibido dos monografias publicadas por el Instituto general y técnico de Valencia, tituladas «La Anguila de Valencia» por A. Gandolfi y ''Cladóceros del Plankton de la Albufera de Valencia'' por Arévalo.

Comunicaciones—Preséntase una comunicación del Hno. Sennen, ''Plantes d' Espagne''; a continuación se lee otra de D. Manuel Vidal y López ''Junto al río Almanzora, recuerdos de una excursión entomológica''.

Y no habiendo más asuntos que tratar se levanta acto seguido la sesión a las dieciséis y media.

———

Notes névroptérologiques

PAR Mr. J. L. LACROIX

———

VI.

CAPTURES DIVERSES ET FORMES NOUVELLES

======

Je vais faire connaître, dans cette courte note, les récentes captures faites dans le département de *l'Oise* par mon excellent collègue M. Daniel Lucas et aussi quelques localités nouvelles, dans *l'Ouest de la France*, pour des insectes déjà signalés par moi. Je profiterai de cette occasion pour présenter des formes de *Chrysopides* qui, à mon avis, méritent un peu d'attention.

Odonates.

1. *Libellula depressa* L.—Attichy (Oise).
2. *Gomphus vulgatissimus* L.—Attichy.
3. *Calopteryx splendens* Harris.—Attichy.
3 bis. — — var. *xanthostoma* Charp.—J'ai pris un exemplaire de cette forme à Ste. Pezenne (DeuxSèvres) le 23 Juillet 1916. C'est la première fois qu'on la trouve dans le département. Signalée jusq'ici, dans l'ouest, á Gaumur et aux environs de Bordeaux.
4. *Agrion puella* L.—Attichy.
5. *Pyrrhosoma tenellum* de Villers.—Bessine (Deux-Sèvres).

Chrysopides.

6. *Chrysopa vulgaris* Ichn.—Attichy.

7.   —   *inornata* Navás, var. **Navasi,** nov.

A typo differt: puncto vel stria fusca ad genas ante oculos.

La *Chrysopa inornata* a été, pour la première fois, brièvement décrite par mon savant maître, le Reverend P. Longinos Navás, en 1901 (Butll. Inst. Cat. Hist. Nat.), d'après un exemplaire capturé à Montseny, province de Barcelone. En 1904 le Reverend P. L. Navás revient sur cette espèce dont il a pu voir plusieurs nouveaux échantillos et il en donne, cette fois, une longue description.

En ce qui concerne la tête cette description est formelle: il n'y a pas de tâches entre les antennes, sur les joues et sur le vertex (*"immaculatum"*) et il est parfaitement exact que presque tous les sujets (j'ai examiné, à l'heure présente, plus de 150 individus) sont ainsi. Tel est donc, à mon avis, le type très défini, de cette jolie espèce *qui n'est pas*, malgré ce que j'ai déjà publié sur elle (voir *Notes névroptérologiques; II, Excursions en Charente-Inférieure I*) et ce que j' en dis aujourd'hui, *très variable*, surtout si on la compare à *vulgaris* Schn., *flavifrons* Brau., *prasina* Burm. et *mariana* Nav.

Plus récemment, en 1915, le même anteur dit que la tête est verte, sans tâche ou avec une strie brune sur la joue.

Ainsi mon excellent maître a lui-même constaté une variation très appréciable de *inornata* et j'ignore pourquoi il n'a pas osé lui assigner un nom. Peut-être était-elle peu nette et ne l'a-t-il observé que sur un seul exemplaire.

J'ai pu rencontrer, parmi les nombreuses *inornata* que j'ai vues, quatre exemplaires *présentant un point ou une strie brune noirâtre ou un peu grisâtre sur la joue, audessous des yeux.* Sur trois de ces sujets le caractère est très marqué, sur le quatrième il l' est moins quoiqu' apparent.

Je pense qu'il s'agit là d'une forme bien caracté-risée, marquant une tendance assez nette et suffi-sammen éloignée de la forma typique pour justifier une mention spéciale et un nom.

Les quatre exemplaires qui constituent les types de cette variété ont été pris par moi à *Saint-Martin-de-la-Coudre* (Charente-inf.).

A part la particularité qui la distingue elle diffère peu du type. La nervulation est plus ou moins mar-quée de noir; les palpes maxillaires sont également plus ou moins marqués de brun noirâtre, sauf le dernier article qui est toujours plus foncé et entière-ment coloré. Les nervules en gradin sont variables: à l'aile supérieure $\frac{3}{5}$ à $\frac{5}{7}$; à l'aile inférieure $\frac{2}{5}$ à $\frac{4}{6}$.

J'ai appelé cette forme *Navasi*, la dédiant à mon excellent maître le *R. P. Navás*.

8.   *Chrysopa inornata* Nav., var. **devia**, nov.—A typo differt: puncto vel striola fusca inter an-tennas.

Cette forme se *caractérise par la présence d'un point ou d'une strie brune un peu grisâtre entre les antennes*. La nervulation est comme dans le type, plus ou moins marquée, avec les nervules gra-diformes assez variables en nombre: $\frac{4}{6}$ à $\frac{6}{7}$ pour les ailes supérieures; $\frac{3}{5}$ à $\frac{4}{6}$ pour les inférieures. Trois exemplaires bien nettement marqués pris à Saint-Mar-tin-de-la-Coudre.

Il est évident que les traits servant à caractériser les variétés et permettant de les séparer du type peu-vent être quelquefois peu appréciables, comme effa-cés et sont susceptibles de provoquer des hésitations dans le classement.

Si on possède une documentation suffisante et qu'on place ces formes non nettement définies parmi les exemplaires typiques et les variétés bien caracté-risées d'une même espèce on s'aperçoit qu'elles cons-tituent souvent des transitions unissant plus ou moins tous les individus de cette espèce.

A mon sens ces sujets de transitions sont plus fréquents qu'on ne le pense et existent peut-être toujours, au moins pour les espèces communes ou répandues. Ils doivent être le plus souvent méconnus, et s'ils sont méconnus c'est presque toujours faute de matériaux d'étude suffisants.

Si on se refuse donc à accepter les variétés sous le prétexte qu'elles peuvent être reliées au type par des formes de transition, il faut les rejeter presque toutes en bloc, car je demeure convaincu qu'il s'agit là d'une règle quasi générale.

Il faut savoir ce qui vraiment stigmatise une variété, ce qui en fait une forme bien à côté du type; et si le caractère est suffisamment net, appréciable, il sera assez facile de la reconnaître et de la séparer.

Pour nos deux *Chrysopes*, par exemple, il s'agit de la présence, d'une part sur la joue, d'autre part entre les antennes, d'un point ou d'une strie. Ici le doute n'est pas possible; ce n'est nullement la caractéristique de *inornata* qui est fort bien nommée. Il y a là un écart réel, mais qui se rencontre chez *plusieurs individus*. Toutes les fois que ce point ou cette strie sera suffisamment visible on se trouvera en présence des variétés; si ces éléments de différenciation ne sont pas *appréciables* on sera en face de *inornata pure*, à moins, évidemment, que des caractères étrangers à ceux-çi viennent les en éloigner.

9. *Chrysopa perla* L.—Attichy (Oise).

10.   —   — Ab. *nothochrysiformis* Lacr.—J'ai décrit cette très curieuse aberration dans ma troisième note névroptérologique (*Notes névroptérologiques; III.—Insectes capturés dans les Pyrénées Orientales. In Bull. Soc. Ent de France*, 1915). Je n'avais alors qu'un seul individu trouvé à Conat (Pyr. Or^les.) par Mademoiselle A. Soumain. Monsieur D. Lucas m'a envoyé un exemplaire identique d'Attichy (Oise) et j'en ai moi-même trouvé un dans le marais d'Amuré (Deux-Sèvres).

J'ai trouvé á Amuré un exemplaire de *perla* qui présente, *aux deux ailes supérieures*, la physiono-

mie suivante: la cellule procubitale typique est sensiblement plus allongée que dans les exemplaires ordinaires et son extrémité vient rejoindre la nervure du
même nom *exactement sur le bout supérieur de
la troisième nervule procubitale.* De plusla nervure cubitale, au niveau de la deuxième nervule procubitale, est anguleuse, caractère dû à sa brusque in-
flexion. Dans les cas ordinaires elle s'infléchit moins
brusquement. Entre cette aberration et la *nothochrysiformis* il n'ya, en somme. qu' une nuance. Je
propose, provisoirement, pour la désigner, le nom de
elongata, n. nouv.

11. *Chrysotropia alba* L.—Attichy (Oise).

12.   —   — *nothochrysiformis*, ab. nov.
In ala anteriore cellula procubitalis tertia est ut
in genere *Nothochrysa*

Je n'ai pas besoin d'insister sur la caractéristique de
cette aberration. *Aux deux ailes supérieures* la cellule procubitale typique est comme dans le genre *Nothochrysa.* C'est là une aberration qui peut frapper toutes les *Chrysopides.* Un exemplaire envoyé par
M. D Lucas et pris à Attichy.

13. *Chrysopa ventralis* Curt.— S'. Martin-de-
la-Coudre (Charente-Inférieure)

14. *Chrysopa viridana* Schn., var. *montana*
Nav.—Saint-Martin-de-la-Coudre (Charente-Inf.).

Hémérobides.

15. *Hemerobius micans* Oliv.—Attichy (Oise).
16.   — *humuli* Lin. —Attichy (Oise).

Osmylides.

17. *Osmylus fulvicephalus* Scop. — Amuré
(Deux-Sèvres).

Panorpides.

18 *Panorpa communis* L. Attichy (Oise).
19.   —   — var.*Couloni* Lacr.—Attichy.
20.   —   — var.*secreta* Lacr —Attichy.
21.   —   — var.*vulgaris*Imh.—Attichy.

Psocides.

22. *Psocus Alluaudi* Lacr.—Un seul exemplaire sur le tronc d' un gros peuplier, dans le marais de Bessine (Deux-Sèvres). J'ai pourtant examiné un grand nombre d' arbres ce jour là sans plus de résultat.

23. *Bertkauia prisca* Kolbe.—Un exemplaire trouvé le 17 Octobre 1915 sous les feuilles mortes, dans le bois de la Coudrée près de Niort, par M. le Capitaine Léon-Dufour. Il est bon de signaler cette station en passant.

Trichoptères.

24. *Grammotaulius atomarius* Fab.—Attichy.
25. *Glyphotælius pellucidus* Retz.— Attichy.
26. *Limnophilus bipunctatus* Curt.—Attichy.
27. *Limnophilus marmoratus* Curt.—Saint-Martin-de-la-Coudre.
28. *Stenophylax permistus* M'. L'.—Attichy.
29. *Mystacides azurea* L.—La Beuvrière (Maine-et-Loire).
30. *Triænodes bicolor* Curt.—La Beuvrière.

Niort, Juillet 1916.

PLANTES 'D' ESPAGNE

PAR LE FRE. SENNEN

RÉCOLTES DE 1915.

Les plantes de nos *Exsiccata* distribuées au commencement de 1916, proviennent en majeure partie de la Cerdagne française et espagnole, du Capcir, des environs de Barcelone, de Valence, Castille, Aragon, Léon, Andalousie, Portugal, etc. Nos collaborateurs bien connus: Prof. Gonçalo Sampaio, Hnos. Elias et Jerónimo, B et C. Vicioso, Dr. Pío Font Quer, Dr. R. González Fragoso, Dr. C. Pau, nous ont procuré de fort bonnes plantes.

D' autre part nous avons à remercier très spécialement nos dévoués compagnons d' herborisation en Cerdagne et au Capcir: Frère Sébastien Alfred, Directeur du Collège de Llivia; frères Daniel, Jean, François, Septimin-Donat; M. Sablé Boixeda, curé des Angles; M. M. Come Barthélemy, Joseph Soubielle, etc.

L' an dernier nous distribuâmes 316 numéros. Cette année nous atteignons le n.° 2511 et distribuons 309 n.ᵒˢ, terminant les séries par une rareté de la flore espagnole, *Arisarum simorrhinum* DR., que nous avous découvert, il y a déjà plusieurs années dans le Barranco de S. Cipriano, dans le massif oriental du Tibidabo, vers Horta.

Nos plantes des groupes critiques ont été soumises à des spécialistes bien connus: H. Coste, H. Sudre, H. Léveillé, D. Luizet, R. de Litardière, Dr. E. Wilczek, Dr. A. Thellung, Dr. C. Pau, J. Daveau.

Toutes ces consultes augmentent considerablement notre travail el les frais de toutes sortes qui accompagnent notre publication Mais, avant tout, nous avons á cœur de faire une distribution consciencieuse des richesses de la flore espagnole, comptant pour peu nos fatigues et tout un surcroît de besogne qui s'ajoute quotidiennement à nos nombreuses heures de classe ou de surveillance d' élèves.

Les encouragements que nous avons reçus, malgré les nombreux *desiderata* de notre travail, venant corroborer notre goût inné des choses de la nature et le désir de les faire connaître et d' en enrichir les collections, nous ont soutenu au milieu de toutes les difficultés et de toutes les lassitudes. La fatigue nous a parfois envahi; l' ennui, le découragement, le dégoût, jamais.

Avec l' aide de Dieu, nous espérons continuer, *confiants* dans le concours de dévoués collaborateurs, la bienveillance de nos souscripteurs et les encouragements de tous ceux qui s' intéressent à notre œuvre. Nous nous permettons d' ajouter ici que nous faisons les vœux les plus ardents, accompagnés d' humbles et persévérantes prières, afin que bientôt se lève le jour où la science pourra poursuivre paisiblement ses patientes investigations, qui doivent tourner tôt ou tard à l' accroissement du bien–être de l' humanité, et à l' élévation de l' âme humaine vers le Créateur et le Conservateur de tant de merveilles.

N.º 2211 **Ranunculus aquatilis** L. et auct.

Etat: **fluentorum**—variation: **glabrescens**. Det. A. Félix.

Croît dans le canal d' arrosage qui capte les eaux de la Font–Grosse, vers 1850 m., vallée de Balcères, dans le Capcir.

Ses tiges courtes sont en touffes très denses sans cesse foettées par des eaux rapides très froides, presque au sortir de la source, sur un courte parcours. Le 10 septembre 1915 elle était en fleur et en fruits.

C' est le seul *Batrachium* que nous ayons remarqué dans la belle région du Capcir, sans doute trop froide pour ces plantules délicates. En Cerdagne, au contraire, on en trouve plusieurs espèces abondantes dans les eaux, les fossés et ruisseaux d' arrosage.

N.° 2213. **R. angustifolius** DC.

Lieux humides et tourbeux des montagnes de Dorres entre 1500 et 2000 m.

La plante que nous distribuons est nettement distincte du n.° 1897, *R. pyrenœus* DC., des pelouses alpines des montagnes de Nuria, entre 2400 et 2700 m.

Les tiges sont glabres dans la première, cotonneuses dans la seconde. Les différences se continuent dans les feuilles radicales, les feuilles bractéales, les racines, le fourreau des anciennes feuilles entourant les souches, le nombre de fleurs, la forme des carpelles, leur mode de groupement, etc., l' habitat ou site de végétation.

Est-ce que ces petits peu réunis ne seraient rien? Il ne faut certainement pas devenir méticuleux et chercher des poils sur les œufs. Mais entre mettre tout dans le même sac et s' enticher à séparer des objets d' identité non douteuse, il y a de la marge. En toute sincérité et simplicité, je me permettrai de dire ma pensée, qui est que, plus on aura observé dans la nature, dans des sites et des climats différents, plus on distinguera. Bien souvent on réunit pour n' avoir pas observé, soit parce qu' on n' a pas pu, soit parce qu' on n' a pas su le faire.

Ce ne sont pas les études de cabinet qui peuvent tranchez les nœuds gordiens, ou plutôt elles les trancheraient aisément, tandis du' il s' agit de les dénouer.

L' homme de cabinet n' a jamais qu' un nombre restraint o' exemplaires; il ne sait exactement d' où ils viennent, ce qu' ils représentent d' un groupe, forme normale ou forme lusus, qu' autant que lui-même les aura vus sur les lieux. C' est donc la longue, l' infatigable observation dans la nature, dans tous les sites de la nature, qui amènera la connaissan·

ce complète des formes, et aussi des influences qui modifient ou ont modifié les formes.

N.º 2214. ✕ **R. Luizeti** Rouy = *R. parnassifolius* ✕ *pyrenœus* Luiz.

Le *parnassifolius* croît par les éboulis, le *pyrenœus* par les pelouses; le *Luizeti* sur la limite des deux, mais de préférence sur les pelouses. Il faut donc le chercher aux bords des franges d'éboulis schisteux qui ont glissé sur les pelouses.

Nons croyons que la plante est fertile, car les akènes paraissent bien développés.

Gautier ne l'indique qu' aux premiers lacets du sentier qui monte au col de Nuria, entre 2400 et 2500 m. Nos exemplaires sont du côté opposé, qui est le versant droit.

Il reconnaît une autre forme hybride issue des mêmes espèces: c'est le ✕ **R. Flahaultii** Gautier, que nous avons recueilli plusieurs fois, mais toujours en de très rares échantillons.

Il se distingue du ✕ *R. Luizeti* par des feuilles plus larges, des fleurs plus grandes, un peu rosées, des tiges plus tonenteuses. Cette dernière forme se rapproche donc davantage du *parnassifolius*, tandis que le *Luizeti* ressemble beaucoup plus au *pyrenœus*.

Note.—Nous n' abandonnerons pas ce genre aux formes si variées, et qui fleurit sur tous les degrés de l' échelle de nos altitudes sans mentionner en Cerdagne, dans les fossées ou ruisseaux des bords des routes aux Escaldes et dans la vallée de Carol à Riutés, le rare **R. hederaceus** L., que Gautier signale seulement dans les Albères. La même espèce existe en Catalogne à Vilarnadal et à Agullana, dans l' Ampourdan.

N.º 2215. **Anemone alpina** L. proles **A. myrrhidifolia** Vill. var **latisecta**, nov.

Differt caulibus robustioribus et foliis profundius sectis,

Remarquable par ses tiges robustes et ses feuilles plus largement découpées.

Hab.: Capcir, coteaux aux Angles, depuis 1650 m.; Massifs du Puigmal à Nuria et au Cambredase, entre 1800 m. et 2200 m.

N.º 2217. **Fumaria Bonanovæ**, nov.=? F. *major × capreolata* ej.

Multicaulis, caulibus longis et innexis. Habitus, folia extrorsum curvata, sepala lata, ovali-lanceolata, medium corollæ attingentia referunt *capreolatam* recemi longi, laxiflori, pedunculi longi rectique, bracteis illos subæquantibus, silicula apiculata, lævis, forma colorque florum referunt *majorem*.

Un seul pied nous a donné plus de 50 grosses parts. Plante multicaule à tiges longues et enchevetrées. Le port, les feuilles recourbées en dehors, les sépales larges, ovales-lancéolés couvrait la demilongueur de la corolle, l'apparentent au *F capreolata;* tandis que les grappes longues laxiflores, les pédicelles longs et droits, accompagnés de bractées qui les égalent presque, la silicule apiculée, lisse, la forme et la couleur des fleurs, la rapprochent du *F. major* Badarro.

Sommes-nous en présence d'un hybride, d'un lusus ou d'un type vrai? Nos observations ne sont pas suffisantes pour nous prononcer. Mais en semant les graines, peut-être arriverait-on à une solution.

Hab.—Barcelone, près la Bonanova, au bord d'un champ. Revu en 1916.

N.º 2218. **Brassica Willdenossii** Boiss.

=*Sinapis juncea* L., *B. chenopodifolia* Sen. et Pau.

Nous récoltâmes, pour la première fois, cette espèce orientale, à Sigean, dans le Midi de la France, non loin de Narbonne, il y a bien une quinzaine d'années. Elle demeura longtemps sans nom dans nos collections En 1905 nous la retrouvions en Catalogne, à Pont de Molins et à Cabanas, sur les bords

de la Muga. Nous en fîmes une forte provision, le 4
Juillet 1915, par les sables maritimes entre Barcelone
et le Besós. En septembre de la même nous retrouvâ-
mes la même plante en Cerdagne entre Montlouis et
la Cabanasse. Nous l'avous vue aussi sur la route de
Horta vers S. Genís, à côté de Barcelone.

N.° 2219. **Nasturtium asperum** Coss. var. **læ-
vigatum** Fourn. = *N. Senneni* Pau,
1908, in herb.

En 1906 nous récoltâmes sur les bords de la Muga, à Perelada, dans l'Ampourdan un *Nasturtium*
qui nous paraissait assez voisin du *N. silvestre*
R. Br. M. le Dr. C. Pau de Segorbe le reçut et le clas-
sifia dans son herbier sous le nom de *N. Senneni*
Pau, nous écrit-il à propos de la même plante que
nous lui adressâmes de Cerdagne. Il le considè-
re comme hybride des espèces *silvestre* et *asperum*
ce qui ne nous paraît pas vraisemblable, la plante
étant seule et les deux parents présumés absents.
Quant à nous, nous la considérons comme une forme
intermédiaire aux *N silvestre* et *N. asperum*.
Voici quelques caractères:

Souches horizontales traçantes; tiges décombantes,
nombreuses, dépassant 20 centimetres; grappes flexueuses et longues, égalant souvent la demi-longueur des tiges, siliques droites ou à peine arquées,
nombreuses, portées par des pédicelles égalant la
moitié ou le tiers de leur longueur; style court un
peu en massue de la base au sommet; stigmate très
légèrement bilobé.

Hab.—Catalogne: Perelada, pelouses des bords
de la Muga.—Cerdagne: Fossés herbeux entre Llivia
et Puigcerdá; terrains marécageux prés Sareja.

N.° 2220. **Isatis tinctoria** L. proles **I. campestris** Stev.

Nous rapportons à la race du ssp. *campestris* la
plante à silicules noires, tomenteuses, longuement
cunéiformes, étroites à la base; et au tipe la plante à

silicules glabres, luisantes, elliptiques, presque aussi larges à la base qu' au sommet, à nervure médiane subailée en son milieu.

Mais ces caractères ont-ils la fixité indispensable pour constituer de véritables races? où n' y a-t-il que d' instables variations morphologiques?

Il ne nous a pas été possible de faire les observations nécessaires pour répondre à ces deux questions.

Du reste l' espèce nous a paru assez répandue dans les moissons, les talus herbeux aux alentours de Llivia, Angoustrine, Villeneuve, les Escaldes, etc.

N.ᵒˢ 2222 et 2223. **Cistus pulverulentus** Pourr. et **c . crispus** L.

Nous n' oserions affirmer que l' un des deux números ci-dessus représente un produit hybride entre les espèces *albidus* et *crispus*. Mais on constatera que ce sont deux plantes différant entre elles par le grouppement des fleurs, la figure des feuilles, la longueur des entrenœuds, le revêtement des feuilles et des rameaux.

Note —Le *C. crispus* L. et les *C Delilei* Burnat, *C. pulverulentus* Pourr.; le *C. ladaniferus* L. sous ses deux variétés *albiflorus* Dun. et *maculatus* Dun. et une troisième variété ou sous-espèce *C. angustifolius* Cad et Sen., l' hybride nouveau × *C. Campsii (salviifolius × ladaniferus)* Cad. et Sen., non Daveau, toutes ces formes sont nouvelles pour le massif de collines situées à l' ouest de Barcelone et entre le Llobregat et le Besós et dont le point culminant, 545 m., porte le nom de Tibidabo. Mais de même que le mont Canigou désigne à la fois le pic de ce nom et tout un vaste massif; ainsi, dans nos modestes notes parues en divers bulletins, le mot Tibidabo désigne un des points du massif barcelonais.

Les espèces ci-dessus nommées, bien que nouvelles pour le Tibidabo, n' y sont pas rares, surtout par les coteaux entre Horta et Moncada; ils reparaissent aussi, quoique moins abondants par les pentes et les sommets au-dessus de Penitents, sur les deux versants, vers le barranco de S. Genis, et le versant de barcelonais.

Au Coto de la Aduana, coteaux situés en Horta et Moncada nous citerons aussi: **Lavandula pedunculata** Cav., × **L· Cadevallii** Sen., **Rubus tomentosifrons** Sud., × **R. Senneni** (*rusticanus* × *tomentosifrons*) Sud., **Hieracium leptobrachium** A. T. et G., **Rosa catalaunica** Costa, et, nous le croyons, un hybride nouveau × **Cistus Fontii** (*ladaniferus* × *albidus*) Sen. in hb.

Dans ces parages existe aussi avec un luxe de fleurs incomparable le **C. florentinus** Lamk. Il convient de signaler également; **Lathyrus tingitanus** Ser., **Anarrhinum lusitanicum** Jord., **Cratægus brevispina** Kze; **Brachyprodium Paui** Sen. plusieurs variétés de **Helianthemum Milleri** Rouy, **genuinum, eriocaulom, viscosum.**

Ces variétés sont assez répandues par les collines de Gavá, et se retrouveut en divers autres points du Tibidabo: Valldaura, Bellesguart.

Par les sables granitiques entre Pedralbes et Vallvidrera se trouve localisé le rare **Helianthemum inconspicuum** Thib.

Mais, arrêtons là notre énumération, car, à citer tout ce que le Tibidabo renferme d' intéressant, surtout pour la flore barcelonaise, nous n' en finirions jamais. Nous avons d' ailleurs signalé la plupart de ces curiosités dans nos études sur nos "Plantes d' Espagne", publiées dans le Bulletin de l' Académie internationale de géographie botanique.

N.º 2227. **Melandrium macrocarpum** Willk. proles **M. catalaunicum** nov.

Annua, dioica, statura parva; radix verticalis, caulis subsimplex et parum elevatus in pistillatis, elatior, ramosior et tenuior in exemplaribus staminiferis.

Le type est indiqué comme vivace, tandis que notre plante de Manlleu est annuelle, dioïque, de petite taille, racine pivotante, tige presque simple et peu élevée dans les pieds pistillés, plus élancé, plus rameux, plus grêle dans les pieds staminés.

Hab.—Catalogne: Manlleu, talus herbeux dans l'intérieur de la Devèza.

Remarque.—Nous avons récolté la même plante aux environs de la Nouvelle (Aude).

Le **M. album** (Mill.) Gürcke de l'Ampourdan, dans les environs de Figueras: Llers, Escaulas, Tarradas, Pont de Molins, Cabanas, etc., ou dans le massif du Tibidabo sur de nombreux points, est beaucoup plus développé, de port bien différent et à racine vivace.

N.º 2229. **Dianthus attenuatus** Sm. var. **purpurascens** nov.

Caules erecti, rigidi, purpurei, pauciflori, minus copiosi, minus cæspitosi; nudi, magis elongati; folia tenuiora, applicata; flores limbo parum exerto, parvo.

Tiges dressées, rigides, purpurines, pauciflores, moins nombreuses, moins gazonnantes; entrenœuds plus longs; feuilles plus fines, appliquées contre la tige; fleurs à limbe peu saillant, petit.

Hab. — Cerdagne, collines schisteuses à Llivia, 1250 m.

Remarque —Dans le n.º 2232, les tiges sont courtes, étalées-diffuses, ordinairement ramifiées; les pétales, qui sont blancs, sont plus grands, à bords dentés, non fimbriés.

En résumé l'espèce nous paraît très variable: grandiflore ou parviflore, tiges simples ou ordinairement ramifiées, dressées du décombantes, longues ou parfois très courtes, vertes ou plus ou moins violacées, y compris les calices.

N.º 2236. **Fraxinus excelsior** L. proles **F. ceretanica** nov.

Arbor parum elata, ferme decem metris ad summum; cortice parum rugoso; gemmis et basi petiolorum et petiolulorum nigris; foliis longis usque ad 30 cent. et amplius, maxime in ramis sterilibus, fere 11

foliolis divisis, oblongis vel large ovali-obovali-ellipti-
cis, lanceolatis, irregulariter dentatis, subito acuminatis, leviter discoloribus, grandibus, plerumque
90 × 30 mm.; nervo medio ad basim fortiter promi-
nente, utrimque tómentoso zona anguste lanceolata
variabili; nervis secundariis simplicibus, inæqualiter
distantibus, in sinum marginalem venientibus; sama-
ris in fascículos densos, foliolis intermistis basi ro-
tundata et apice lanceolato, ala semine longiore, plerumque lineato-punctatis, ad semen ochraceis, ala
tota viridi tincta, plerumque 100 × 50 mm.

Arbre peu élevée, une dizaine de mètres au plus,
écorce peu rugueuse; bourgeons noirs ainsi que la
base des pétioles et des petiolules; feuilles longues,
atteignant 30 cent. et plus surtout sur les pousses stériles, divisées ordinairement en 11 folioles oblongues
très largement ovales-obovales-elliptiques lancéolées, irrégulièrement dentées, brusquement terminées en pointe, légèrement discolores, grandes, mesurant ordinairement 90 × 30 mm.; nervure médiane
très saillante vers la base, feutrée des deux côtés sur
une zone étroitement lancéolée variable; nervures
secondaires simples, inégalement distantes, abou-
tissant à l' échancrure marginale; samares réunies en
touffes très fournies, entremêlées de petites feuilles à
base arrondie et à extrémité supérieure lancéolée, aile
plus longue que la graine, ordinairement rayées-ponc-
tuées, ocracées sur la graine, lavées de vert sur toute
l' aile, mesurant ordinairement 190 × 50 mm.

Hab.—Cerdagne: Bords des torrents à Lliviá, Estavar, Angoustrine, les Escaldes, etc.

Remarque.—Des Escaldes et de Caldegas nous
avons avons une forme du variété **leptocarpa**, à folioles également plus petites, foliolis minoribus.

N.º 2239. **Melilotus barcinonensis** Sen. et Pau.

Notre plante est abondante sur plusieurs points
du versant oriental du Tibidabo: Olivettes pierreuses
au Depósito du Llobregat, Parc du Marquis de Sent-

menat, alentours du Manicomio dans le Barranco de Bellesguart, Peniténts et S. Genis, etc.

Le *M. barcinonensis* vient hors des terrains cultivés, tandis que le *M. arvensis* Wallr. se trouve plutôt dans les moissons.

Nous avons distribué les deux espèces des alentours de Barcelone, afin de donner lieu à la comparaison des deux plantes, pour nous complètement différentes.

N.º 2244. **Trifolium suffocatum** L. ssp. ou var. **Costei** nov.

Caules supra humum extensi possunt 20 ctm. excedere. Glomeruli fructiferi in ramis elongatis distributi referentes aliquantulum *T. glomeratum*. Aliunde aliquot glomeruli densantur circum partem centralem, referentes typum *T. suffocatum*.

Les pieds étalés sur le sol peuvent dépasser 20 cent. Les glomérules fructifères sont distribués sur les rameaux allongés, rappelant un peu ceux du *T. glomeratum* D'autre part quelques glomérules se grouppent autour de la partie centrale, et rappellent le type *T. suffocatum*. Y aurait-il en hybridation des deux?

Hab.—Catalogne: Massif du Tibidabo, près Barcelone, vers Vallvidrera.

N.º 2245. **Vicia laxiflora** Brot.

Notre savant confrère de Segorbe rapporte cette plante au *V. parviflora* Cav.

Elle est abondante par le Tibidabo au delà de Llavallol, vers le coteau du rûcher.

N.º 2248. **Alchimilla arvensis** Scop.=*Aphanes arvensis* L.

Notre plante, récoltée dans le massif du Tibidabo, est la même que celle que nous avons récoltée dans l'Ampourdan, olivettes de Cabanas, Vilarnadal, etc. et en Cerdagne à Villeneuve. Nous croyons qu'elle est bien voisine, sinon identique à *A floribunda* Murbeck, d'Algérie.

Costa ne cite cette espèce que des vallées pyrénéennes et signale sa rareté en Catalogne.

N.ᵒˢ 2249 à 2260. **Epilobium** sp.

Monseigneur H. Léveillé, avec sa compétence bien connue dans le groupe des Onothéracées, a bien voulu étudier les *Epilobium* que nous lui avons communiquées, provenant presque tous de la Cerdagne et su Capcir.

Nous le prions de vouloir bien agréer les sincères remerciements que nous sommes heureux de lui adresser en écrivant ces lignes bien rapides.

Nous signalons les formes peu ou point mentionnées soit par Costa ou Gautier.

Epilobium tetragonum L.—Massif du Tibidabo vers S. Medí et la Rabassola; Cerdagne entre Puigcerdá et Llivia.

E. Lamyi F. Schult. sous plusieurs formes.— Chmps humides, fossés, entre Puigcerdá et Llivia; Dorres, les Escaldes, Saillagouse.

E roseum Schreb.—Une des plus belles espèces de la région, après les splendides bordures de l' *E. hirsutum*, ordinairement sous sa variété *incanum* Lévll : La Cabanasse, Llivia, Saillagouse, les Escaldes, etc.

Dans la vallée de Carol, nous avous vu une variété *albiflora*.

E. palustre L. Gracieuse espèce à tiges délicates et fines, ordinairement très rameuses, belles fleurs lilas. Ne nous a pas paru commune. Le Capcir aux Angles; Llivia et les Escaldes, en Cerdagne. Le Montseny vers Sta. Fe.

Les espèces qui suivent n'ont pas été centuriées.

E. montanum type du Canal de Balcères vers 1800 m. Le n.° centurié vient du Cambredase d'envirom 1800 m. d'altitude.

De cette espèce nous avons une forme **cordifolium** de cette dernière localité.

E. collinum Gmel.—Plus abondant que le précédent et venant ordinairement à une altitude moins élevée: Gorges de Llivia et d'Estavac, 1250 m., Villeneuve et les Escaldes, Angoustrine; Le Capcir, etc.

Dans la vallée de Balcères en suivant le Canal de

la Font-Grosse, on trouve les formes suivantes: **E. Du·riæi** Gay, **E montanum** L., **E. collinum** Gmel., **E. alsinifolium** Vill., **E. Duriæi ×collinum**

× **E. Sennenianum** (*montanum × alsinifolioi· des*) Lévl. hybr. nov.—Le Cambredase vers 1850 m., aux bords d'un canal d'irrigation ou du ruisseau en face le village de St.' Pierre.

E. alpinum (L.) Lévl. proles **E. Villarsii** Lévl.–– Même localité.

E. Gilloti Lévl.—Les Escaldes, fossés et ruisseaux des bords de la route.

× **E. dacicum** Borbas = *E Gilloti × parviflorum* Lévl. — Même localité. — Inter parentes.

× **E. opacum** Peterm. = *E. roseum × parviflorum.*—Même localité —Inter parentes.

× **E. brachiatum** Celak = *E. roseum > obscurum* Rouy et Cam. — Même localité.— Inter parentes.

× **E Borbasianum** Hausskn. = *E. tetragonum × roseum* Krause. — Le Capcir aux Angles, ruisseau.

Et nous croyons que cela suffit pour une première fois. S'il plaît à Dieu, nous reverrons plus attentivement, aidé de l'expérience des premières observations.

La Cerdagne est riche en *Epilobium* et un bon nombre, grâce à leurs graines émigrantes, se répandent sur de vastes étendues.

On ne trouvera pas de fossés au bord des routes sans de nombreuses espèces d'*Epilobium.*

C'est leur site préféré. Le plus remarquable est l' **Epilobium hirsutum.**

Ce serait même une plante ornementale de premier ordre, si son feuillage n'était vite détruit par les insectes dès septembre.

N.º 2261. **Paronychia nivea** DC, proles vel var. **Davei**, nov.

Planta bene evoluta, prostrata; caules foliosi in

medio inferiore aut amplius, ferentes in medio superiore glomerulos florales distantes aut contiguos; folia
floralia satis ample lanceolata, tomentosa, marginibus
ciliatis, opposita, minima in parte inferiore ramorum,
subobtusa, nunquam lineari-lanceolata; stipulæ illis
multo breviores; bracteæ scarioso-argenteæ, apiculatæ vel retusæ, folia floralia haud penitus occultantes.

Plante très développée, étalée sur le sol; tiges feuillées dans leur moitié inférieure du plus, portant
sur la seconde moitié des glomerules de fleus espacés ou contigus; feuilles florales assez largement lancéolées, velues, à bords ciliés, opposées, trés petites
sur la partie inférieure des rameaux, subobtuses,
jamais linéaires–lancéolées, stipules bien plus courtes
qu' elles; bractées scarieuses-argentées, apiculées ou
rétuses, ne cachant pas entièrement les feuilles florales.

Hab.—Catalogne: Sables granitiques du Tibidabo,
au-dessus de Bellesguart, prés la Bonanova.

Note.—La même vallée, vallée ou barranco de Bellesguart ou du Manicomio, renferme quelques bonnes espèces, que nous signalerons ici: **Durieua hispanica** Boiss., **Vaillantia hispida** DC., **Medicago
disciformis** DC., **M. morisiana** Huet, **Lavandula
pedunculata** Cav., **× L. Cadevallii** Sen., **Phayna-
lon sordidum** DC., **P. saxatile** Cass., **P. Tenorii**
Presl., **× P. catalaunicum Lagascæ × sordidum**
Sen., **× P. Domingoi** (*Tenorii × saxatile*) Sen.,
× Brachypodium Paui Sen.=*B ramosum × distachyon* ej. (?), **Nepeta catalaunica** Sen.=*N. ne-
petoides* Costa et auct. mult., non Jord., **N Caballe-
roi** Sen. et Pau, **N Fontii** Sen. et Pau, **Orobauche**
sp , **Ophrys** sp., **Ægilops triaristata** Willd., **× Æ.
Leveillei** Sen.=*Æ. triaristata × triuncialis* ej.,
Melilotus barcinonensis Sen. et Pau, **Vicia amphi-
carpa** Roth., **V. elegantissima** Shuttlen., **Centaurea
Hauryi** Jord. vel **C. cærulescens** Wild , **× C. barcinonensis** Sen.=*C Haury* vel *cærulescens × aspera* ej., **C. serratulifolia** Sen. forme remarquable
et ornementale du *C. collina* L., bien variable aux

environs; **Cheilanthes pteridioides** Reichb., **Atractilis cancellata** L., **Paronychia Davei** Sen., **stipa tortilis** Desf., **s parviflora** Cav., **Andropogor contortum, Fumaria Bonanovœ** Sen., etc.

Et nous ne croyons pas que ce soit tout, car nous citons de mémoire.

N.º 2263. **Scleranthus verticillatus** Tausch.

Nous ne pensons pas que cette espèce, récoltée dans le massif du Tibidabo vers le Pantano, soit commune en Çatalogne.

En 1908 nous le récoltâmes dans le Albères, par les pentes du Castellar, entre Vilortoli et Espolla.

Le **s. annuus** L. paraît répandu dans les champs de la Cerdagne. Ou le trouve aussi dans l'Ampourdan à Agullana, Vilarnadal, Cabanas, etc.

Une forme menue de Vilajuiga est peut-être le **s. ruscinonensis** Gillot et Coste.

N.º 2272. **Heracleum pyrenaicum** Lamk.

Cette espèce nous a paru répandue dans les prairies entre Montlouis et St Pierre, et au Capcir. Mais ordinairement on fauche avant que les fruits soient arrivés à maturité. Cette espèce se mêle à l'H. *setosum* Lap., ce qui indique comme probable l'existence de formes hybrides entre ces deux plantesgéantes.

N.º 2273. **Endressia pyrenaica** Gay.

Cette espèce est assez variable, surtout pour la taille, les tiges simples ou ramifiées, les ombelles portant parfois une bractée foliacée à la base, var. **elatior** R. et Cam., mais le plus souvent un petit anneau de poils argentés.

Nous croyons qu'elle ne croît pas si bas que l'indiquent quelques auteurs, mais qu'elle vient de préférence entre 1800 et 2000 m., comme nous avons pu l'observer en Cerdagne et en Catalogne.

A St Pierre nous l'avons récoltée au-dessus de 1600 m.; dans la vallée d'Eyne entre 1800 et 2000 m.; à Nuria, vers 2000 m.; à Montgrony entre 1800 et 1950 m.; à Berga entre 1750 et 2000 m.

N.° 2274 **Silaus virescens** Boiss.

Nous avons retrouvé cette rare espèce dans la val·
lée de Llo, où la signalent Rouy et Camus, et G.
Gautier. Elle n'est pas commune dans la plaine ou
les coteaux de la Cerdagne.

Nous l'avons notée par les talus herbeux ou les
haies aux alentours de Llivia vers Sareja, vers Villeneuve, à Angoustrine.

Nous n'avons pas noté le *S. flavescens* Bernch.
(*S pratensis* Bess) en Cerdagne; mais nous en
avons vu de rares pieds aux Angles dans le Capcir.

N.° 2275. **Xatartia scabra** Meissn.

Nous sommes persuadé que cette curieuse ombel-
lifère est une des espèces rares, des plus difficiles à
récolter, tant à cause du site de son choix que de la
saison tardive de son développement et de sa fructification.

Il y a plus de 20 ans que nous pûmes l'offrir aux
membres de la Rochelaise.

Depuis lors, nous ne l'avons pu retrouver dans
un aussi bel état de fructification Cependant nous ne
nous accuserons pas ici de négligence. Deux fois en
1913 et 1914 nous avons traversé les Pyrénées du côté
de l'Espagne sans la rencontrer à point, nous hasar-
dant à travers des éboulis où passent à peine les bêtes
à laine. Sur le tard les moutons la dévorent, n'ayant
plus rien à brouter, et saisissant l'ombelle avec les
dents, ils tirent et arrachent tout le pied. Il n'y a par
ces pentes, où l'on n'arrive qu'avec peine et où l'on
ne circule que très péniblement sur une terre nue, le
plus souvent recouverte de débris schisteux très mou-
vants, que quelques espèces rampantes ou à tiges fort
réduites: **Galium cometerrhizon** Lap , **Iberis spathulata** Berg., **Ranunculus parnassifolius** L ,
Doronicum glaciale, Senecio leucophyllus DC.,
et quelques espèces de *Saxifraga*.

Le *Xatartia scabra* élève seul sa stature trapue
parmi ses compagnons dans ces régions désolées On
l'aperçoit facilemeut autour de soi à une assez gran-

de distance. Mais gare aux glissades quand il faut
monter ou descendre. En deux heures très laborieu-
ses nous avons pu en recueillir une trentaine de pieds,
vers 2500 m , à 2 heures de l' après–midi.

Mais nous avouerons que cette gymnastique, après
une course qui avait commencé à 4 heures du matin,
a besoin d' une élasticite que l' enthousiasme des
choses de la nature peut seul communiquer. Bien des
pieds n' avaient que des feuilles, ce qui indique que
la plante doit être bisannuelle.

Sa racine, qui rend la provision de difficile trans-
port, doit être conservée. En tirant avec précaution,
elle suit ordinairement, surtout si l' on a soin d' écar-
ter les pierres.

Si des espérances de pouvoir la récolter en fruits
se présentent une autre année, nous ne reculerons
pas devant un voyage et une journée de marche,
avec toutes les chances d' un orage de montagne
par-dessus le marché.

Sur le versant espagnol la plante croît plus rare
dans les mêmes terrains et la même exposition entre
le sud et l' ouest.

Nous en avons vu et récolté de bien rares pieds
dans les éboulis de Coma d' Eyne et de Noucreus.

N.° 2281 × **Phagnalon Domingoi** Sen.
Bol. Soc. Arag. Cienc. Nat., p. 140 (1911).
Notre plante se rapproche davantage du *P. Teno-
rii* Presl. tant par le feuillage que par les calathides.

Le port diffus et très rameaux est plutôt du *P. saxatile* Cass. Feuilles généralement longues et plus
étroites que dans le *P Tenorii*; les calathides sont
plus larges et plus hautes, les bractées de l' involucre
plus aiguës, différemment imbriquées, les premières
linéaires récurvées, les intérieures longues de 1 cent.
assez brusquement terminées en pointes très aiguës,
tandis qu' elles sont subobtuses dans le *Tenorii*.

Hab.—Valence: Lieux incultes de la Sierra de
Irta à Bóvala près Benicarló—*Inter parentes*.

Catalogne: Talus abruptes de la carretera Horta

près le Laberinto; pentes du Tibidabo entre Nueva Belén et la Bonanova.

Inter parentes.

Remarque. Nous dédiâmes cete belle plante à un de nos bons amis, Domingo, qui avait herborisé à Benicarló.

N ° 2295. **Achillea millefolium** L. proles **A. ce-retanica** nov.

Statura elata, caules tomentoso-lanosi, sæpe ramo-sissimi, maxime in axi centrali, interdum simplici; folia viridia plus vel minus cinerea, ambitu subli-neari, basi ampliata, mox leviter attenuata et succes-sive dilatata, sensim attenuata, latitudine varia inter 5-10 mm., rachi angustissimo, divisionibus tenuissi-mis, omnibus acutis; corymbus compositus, leviter convexus, 5 cent. latus, interdum amplius, multo minus ad ramulorum apicem; calathides pedicella-tæ, copiosæ, parvæ, 3-5 mm. latæ in floratione; flores læte rosei, interdum albi vix rosei, perraro mere albi, var. **albiflora** Sen.

Nous prenons notre millefeuille cerdanais pour une forme notable voisine du stirpe *millefolium,* mais entièrement distincte par le facies général et par un ensemble de détails.

Taille élevée, tiges tomenteuses-laineuses, souvent très rameuses, surtout la tige centrale, parfois simple; feuilles d' un vert plus ou moins cendré, à poutour sublinéaire, élargies à la base, puis mollement atté-nuées et élargies successivement pour s' atténuer en-core insensiblement, la largeur variant entre 5-10 m/m; rachis très étroit, divisions très fines, toutes aiguës; corymbe composé suavement convexe, large de 5 cent., parfois plus, bien moins à l' extrémité des petits rameaux; calathides pédicellées, très nombreu-ses, petites, 3 × 5 m/m de large à la floraison; fleurs d' un beau rose, parfois d' un blanc à peine rosé, ex-ceptionnellement d'un blanc pur, var. *albiflora* Sen.

Hab.—Cerdagne: Llivia, Puigcerda, Estavar, la Cabanasse, etc.; montagnes du Capcir.

N.º 2296. **Carlina lanata** L.

Mousieur le Dᵣ Cadevall vient de publier un Mémoire sur les *Carlina* de la Catalogne à la Real Academia de Ciencias y Artes de Barcelone.

Il déplore que l' on coutinue à nommer *Carlina acaulis* L. une plante ordinairement caulescente en Catalogne, *C. caulescens* Lamk., reconnaissant que le vocable linnéen, *Ç. acaulis* L., ne convient qu' à la forme exceptionnellement acaule de l' espèce. Il propose le binome nouveau *C. corynephorus* Cad., qui exprimerait un caractère constant, la forme en massue des paillettes du réceptacle

Après avoir énuméré les principales localités catalanes du genre étudié, il démontre que les parents du × *C. Vayredœ* Gout. sont les *C. cinara* Pourr et *C acaulis* L., récolté par lui-même aux environs de Ribas.

Il mentionne deux hybrides non décrits × *C. Jouannetiana* (*cinara × acaulis*) Sen. in hb. et × *C. Secondaireana* (*acaulis × cinara*) Sen. in hb., que nous récoltâmes dans la montagne du Caillau, inter parentes, non loin de Prades et de Mosset, P. O., il y a une quinzaine d' années

N.º 2298 **Cirsium Heerianum** Næg. proles vel var **soubie'lei** Sennen et Septimin.

Planta interdum acaulis, sed characteribus hybridi, quibus ab *acauli* separatur Caulis superne haud longiter nudus, sed 7-8 foliis regulariter sparsis in longum usque ad 3 decm.; folia leviter discoloria, semiamplexantia, pennatisecta, rugoso-granulosa, maxime ad faciem superiorem, cincta spinis tenuibus, numerosis, fortibus, apicali longiore et fortiore; calathides sessiles, binæ vel ternæ ad apicem, ved ad axillam foliorum abortivæ; periclinium truncato-umbilicatum, cylindricum, 3-4 ctm. latum; bracteæ laxe imbricatæ, valde inæquales, plus minusve lanceolato-lineares, angustæ, in medio superiore rufescentes nec ciliatæ neve callosæ, abortivæ plus vel minus concolores; flores pallidi.

Notre plante diffère de l'hybride des Alpes, attribuée aux espèces *rivulare* et *acaule*. Nous croyons
que notre plante provient des mêmes parents; mais
le *rivulare* différera sûremeut de celui des Alpes, et
ainsi s'expliqueront les différences bien apparentes
des C. *Heerianum* Næg. et C. *Soubiellei* Sen. et
Sept. En voici la diagnose:

Plante parfois subacaule, mais gardant bien ses
caractères d'hybride, qui le séparent du C. *acaule*
Scop. La tige n'est pas longuement nue supérieurement, mais porte jusqu'à 7-8 feuillés, régulièrement
distribuées sur leur longueur, qui peut atteindre 3
décimètres; feuilles un peu discolores, semi-embras-
santes, pennatiséquées, rugueuses-granuleuses, surtout à la page supérieure, bordées de fines épines,
nombreuses, piquantes, la terminale plus longue et
plus forte; calathides sessiles, réunies par 2-3 au
sommet, ou avortées à l'aisselle des feuilles; péricline
tronqué-ombiliqué, cylindrique, 3 × 4 cent de large;
bractées lâchement imbriquées, très inégales, plus ou
moins lancéolées-linéaires, étroites, rougeatres dans
leur moitié supérieure, ni ciliolées ni calleuses, les
avortées plus ou moins concolores; fleurs pâles.

Hab.—France: Le Capcir dans la vallée de Galba,
prairies d'Esponsonille, près le torrent.

Retrouvé en 1916. Inter parentes.

Remarque.—Nous sommes heureux de faire entrer dans la désignation de cette curieuse et rare
plante, le nom d'une honorable famille du pays, la
famille Antoine Soubielle d'Esponsouille, dont nous
connaissons la cordiale hospitalité, comme aussi de
rappeler l'amitié d'un de ses membres, notre sym-
pathique confrère, Joseph Soubielle.

N.° 2299. **Cirsium Jaubertianum** Sen. et Septimin = C. *arvense* × *acaule* eor. nov.!

Caulis ramosus vel simplex, communiter longus
fere 40 cent., interdum 3-4 ter brevior, arachnoides.
Folia longiter lanceolato-linearia in ambitu, basi
plus minusve amplexicaulia, pinnatifida, limbata spi-

nis longis, spinis brevibus intermistis, terminalibus multo fortioribus; calathides terminales, solitariæ, umbilicatæ, aliquot breviter pedicellatæ vel sessiles ad foliorum axillam; folia bractealia angusta, spinosa; bracteæ periclinii applicata, discolores, subarachnoides, subciliolatæ ad margines, inferiores et mediæ cuspidato-recurvæ, lanceolatæ, interiores lineato-acutæ, mucrone violaceo.

Tige rameuse ou simple, ordinairement longue, environ 40 cent , parfois 3-4 fois plus courte, aranéuse.

La taille ne peut que s'indiquer très approximativement, tant pour les hybrides que pour les formes non hybrides, ce caractère pouvant être modifié par bien des circonstances. Il importe toutefois d'indiquer la taille de la forme normale.

Feuilles longuement lancéolées-linéaires dans leur pourtour, à base plus ou moins semiembrassante, pinnatifides, bordées d'épines longues et d'épines courtes entremêlées, les terminales beaucoup plus fortes; calathides terminales, solitaires, ombiliquées, quelques-unes courtement pédicellées ou sessiles à l'aisselle des feuilles; feuilles bractéales etroites épineuses; bractées du péricline appliquées, discolores, subaranéeuses, subciliolées aux bords, les inférieures et les moyennes cuspidées-récurvées, lancéolées; les intérieures linéaires-aiguës, à pointe violacée.

Hab.—France: Cerdagne, entrée de la vallée de Llo dans les gorges de Castellvidre, par les pelouses à côté des noisetieses, vers 1500 m.

Remarque.—Nous avons été heureux de rappeler, à prospos d'une modeste fleur de la montagne, le nom de M. Georges Jaubert, acquereur de pacages étendus à l'entrée de la célèbre vallée de Llo. Avec la participation du modeste budget de la commune, l'intelligent propiétaire a fait disparaître des quartiers de rocher et tracé un chemin le long du torrent, ce qui rend l'accès à la fois plus facile et plus rapide.

Au nom des botanistes et des nombreux touristes qui visiteront la vallée de Llo, nous remercions M.

Jaubert de sa louable initiative, pour laquelle il sera longtemps béni.

N.° 2303. **Centaurea pallidula** Rouy.

Dans les exemplaires distribuées sons ce n.°, qui représentent la forme générale des coteaux de la Cerdagne, le cil terminal des bractées involucrales est plus court que les cils latéraux.

La plante abonde par les talus des champs et des chemins à Ur, Angoustrine; Villeneuve, Llivia, Estavar, Saillagouse, Llo, etc. entre 1200 et 1600 m., recherchant les expositions du soleil levant. Abondante comme elle l' est, cette plante avait été confondue, ou ce qui est peut-être plus vrai, était passée inaperçue ou regardée comme une vulgarité.

Nous ne pensons pas que cette forme se trouve dans le Conflent. Ce serait donc une forme propre à la plaine de la Cerdagne et rarement des vallées inférieures.

Núm. 2304. **Centaurea ochrolopa** Costa.—Ex Pau.

La plante abonde aux alentours de Manlleu et dans toute la plaine de Vich, au bord des champs ou par les terrains en friche. Peut-être y a-t-il une variété du *C. praniculata* L., à rameaux plus dressés, calathides plus petites; sinon la race de Costa devrait être considérée comme polymorphe.

N.° 2306. **Tragopogon Lamottei** Rouy.=*T. longifolius* Lamotte, non Heldr. et Sart. sec. Rouy.

Cette haute plante est répandue par les talus herbeux aux Angles, dans le Capcir; en Cerdagne, la Cabanasse et S. Pierre, etc., vers 1600 m. Nous ne croyons pas qu' elle paraisse sur le versant espagnol au delà du col de la Perche.

Gautier ne nomme pas même la plante dans son estimé Catalogue des Pyrénées-Orientales; et Rouy ne la signale qu' à Hospitalet, dans l' Ariège, sur les indications des frères Marcailhou d' Aymerich d' Ax. Il ajoute: A rechercher.

N.º 2306. l eontodon autumnalis L. var. ramosa nov.

Multicaulis, ramosissima, polycephala; calathides parvæ ferme læves, folia laciniata, laciniis satis latis.

Plante multicaule, très rameuse, polycéphale; calathides petites à peu près entièrement glabres; feuilles laciniées à lanières assez larges.

Du *L. palustris* Ball. elle a les calathides petites, atténuées sur le pédoncule jusqu' à la floraison, devenaut ombiliquées à la maturité; bractées involucrales brun-cendrées.

Du *L. microcephalus* Boiss., elle n' a ni les feuilles étroites presque entières, ni surtout les scapes monocéphales; mais elle en a bien les calathides petites Ces deux dernières plantes ont été indiquées au Carlitte et dans la vallée de Carol.

Hab.—Cerdagne: Llivia, Estavar, Bourgmadame, etc. par les pelouses des fossés, au bord des prairies.

N.º 2307 L. autumnalis L. proles vel var. capcirensis nov.

Caules fortes æquales usque ad calathidas maturas, in medio superiore ramosi; folia lata, plus minusve longiter la ciliata, laciniis plerumque plus duplo longioribus parte centrali, calathides grandes, in maturitate haud umbilicatæ; bracteæ periclinii obscuriores, latiores longioresque, pilosæ; achænia minus attenuata et breviora; pili plumulæ minus numerosi et minus pinnati.

Tiges fortes égales jusqu' aux calathides mûres, ramifiées au-dessus de leur milieu; feuilles larges, plus du moins longuement laciniées, égalant ordinairement plus de deux fois la largeur de la partie centrale; calathides grosses, non ombiliquées à la maturité; bractées du péricline plus foncées, plus larges, plus longues, plus ou moins poilues; akènes moins atténués et plus courts; poils de l'aigrette moins nombreux et moins plumeux.

Hab. : Le Capcir, aux Angles, champs et talus.

N.º 2310. ✕ **Gentia Marcailhouana** Rouy=*G. lutea-Burseri* Philippe.

Nous ne croyons pas que cette plante ait été citée des Pyrénées-Orientales. Elle est cependant abondante au Capcir; dans la forêt de la Matte, mêlée à ses deux parents *G. lutea* L. et *G. Burseri* Lap.

Dans notre herborisation du 26 juillet dernier, les fleurs commençaient à se faner; le *G. lutea* était complètement défleuri; et le *G. Burseri* était dans toute sa splendeur.

Malheureusement la dessication de ces plantes est très longue et très difficile, car les fleurs sont dévorées sous presse par les chenilles qui en sortent sans cesse, bien qu'on les tue fréquemment. Nous essayerons une autre procédé, si nous y revenons.

Le 31 Juillet 1916, nous avons trouvé le même hybride dans la haute vallée de la Têt, près le bassin des Nouillouses.

N.º 2216. **Salvia Verbenaca** L. proles vel var. **serrata** nov.

Caules simplices, internodiis leviter lanosis, nodis et basi foliorum dense; primum internodium breve, cetera longa, excepto ultimo; duo vel tria prima paria foliorum caulinarium petiolata, sequentia sessilia-amplexantia, basi subcordata, in medio superiore oblongo-lanceolata, sublobata-crenata-dentata, dentibus inæqualibus acutis aut subacutis; folia pulchro adspectu, limbo mediorum fere 70 ✕ 30 m., inferiora et media ambitu obtuso, ultimum par valde acutum; spica cylindrica, verticillis plus minusve distantibus basi; bracteæ calice breviores, acuminatæ, marginibus longiter ciliatis itemque labiis calicis; sepala labii inferioris tenuiter mucronulata; labium superius trimucronulatum, longitudine subæquale inferiori; flores pallidi, magnitudine media, labio superiore subrecto vix duplo longiore calice; stamina et stylus inclusi.

Tiges simples, à entrenœuds légèrement laineux, tandis que la base des feuilles et les nœuds le sont densément; premier entre-nœud court, les autres longs, à l' exception du dernier; les deux ou trois premières paires de feuilles caulinaires pétiolées, les suivantes sessiles-embrassantes, subcordées à la base, oblongues–lancéolées dans leur moitié supérieure, sublobées-crénelées-dentées, à dents inégales aiguës ou subaiguës; feuilles de très bel effet, le limbe des moyennes mesuraut normalement 70 × 30 m/m, les inférieures et les moyennes à pourtour obtus, la dernière paire très aiguës; épi cylindrique, à verticilles plus ou moins espacés à la base; bractées plus courtes que les calices, acuminées, longuement ciliées aux bords ainsi que les lèvres calicinales; sépales de la lèvre inférieure finement mucronulés, lèvre supérieure trimucronulée, sensiblement égale en longueur à l' inferieure; fleurs pâles de moyenne grandeur, à lèvre supérieure dépassant à peine une fois le calice et presque droite; étamines et style inclus.

Hab.—Catalogne: Alentours de Barcelone, vers le Laberinto et par les talus prés de Horta.

Remarque. L' épi large, assez court et pâle, les belles feuilles amples sur des tiges simples distinguent à première vue cette belle race ou variété du *Salvia Verbenaca.*

Notre × *S. Barnolæ (Verb. serrata × horminoides)* Sen. s' en sépare par sa taille moins élevée, ses tiges flerueuses, ses feuilles plus étroites, les inférieures pinnatilobées-pinnatifides, les pétiolées à pourtour oblong-obovale, les sessiles ovales–lancéolées, aiguës, appliquées contre la tige, à l' exception de la dernière paire, étalées à peu près horizontalement; les feuilles radicales sont nombreuses, cachent la moitié inférieure des plus longues tiges et égalent les petites tiges; les pointes des bractées dépassent généralement les sépales; fleurs petites assez pâles.

Nous avions considéré le × *S. Barnolæ,* que nous

avons eu l'honneur de dédier au R. P. Joaquín de Barnola, S. J., comme ayant pour parents le *S. Verbenaca* et le *S. clandestina,* mais la forma des feuilles radicales et la dernière paire des caulinaires, tout comme la petitesse des fleurs, semblent accuser davantage l'action du *S. horminoides* Pourr., fort bonne espèce, tout comme les *S. clandestina* L et *multifida* Sibth., toutes représentées aux alentours de Barcelone, dans l'Ampourdan, etc

Hab.—Catalogue: Pentes du Tibidabo en plusieurs points dans la région de Penitents.

Note.—Nous ajouterons ici une autre forme ✕ **s. Fontii** nov.=*S. serrata* ✕ *clandestina* Sen., caractérisée comme suit:

Caules breves, simplices vel interdum ramosi, dense villoso-lanosi; folia parva, ambitu elliptica, forma et dentibus *S. serratam* referentibus; racemi breves *S. clandestinœ* L., floribus sat magnis et bracteis brevibus. Habitus similis *serratœ,* foliis minoribus et floribus grandioribus.

Tiges courtes, simples ou parfois ramifiées, densément velues-laineuses; feuilles petites, à pourtour elliptique, forme et dentelure rappelaut le *S. serrata*; grappes courtes du *S. clandestina* L., à fleurs assez grandes et bractées courtes Port et facies assez semblables à ceux du *S. serrata.* avec des feuilles plus petites et des fleurs plus grandes.

Hab.—Catalogue: Alentours de Barcelone, vers le Laberinto sur la carretera, par les talus. Inter parentes.

N.º 2317. **Salvia verbenaca** L. proles vel var. **laxispica** nov.

Multicaulis, ramosissima, elata, inferne velutina-lanosa, superne pilis longis et brevibus mistis vestita; internodiis subæqualibus in eodem ramo, foliis successive petiolatis et sessilibus-amplexicaulibus, his apice acuto, integro, dense crenato-dentatis; bracteis ovali-acuminatis, mucronulatis, mucronulos sepalorum ferme æquantibus; verticillis paucifloribus, longe distantibus in maxima parte longitudinis racemorum, ultimis plerumque densissimis; labiis calicinis ferme ejusdem longitudinis, violaceis; floribus duplo longioribus calice, obscure violaceis, labio superiore distincte arcuato; staminibus et stylo exertis. ·

Plante multicaule, très rameuse, élevée, veluelaineuse inférieurement, revêtue supérieurement de poils longs et courts entremêlés; entrenœuds à peu près égaux sur le même rameau, 5-7 cent.; feuilles sucessivement pétiolées et sessiles-embrassantes, ces dernières terminées en pointe entière, densément crénelées-dentées; bractées ovales-acuminées, mucronulées, égalant à peu près les mucronules des sépales; verticilles pauciflores, très espacés dans la plus grande longueur des grappes, les derniers ordinairement très denses; lèvres calicinales à peu près de même longueur, violacées; fleurs une fois plus longues que le calice, d'un violet foncé, lèvre supérieure nettement arquée; étamines et style exserts.

Hab.—Catalogue: Massif du Tibidabo, coteax sur le chemin de Vallvidrera à Llavallol.

A Can Notari prés de Horta une forme naine à épi assez dense paraît se rapporter à la même race ou variété.

En somme, groupe des formes, sous-espèces ou races du *S. verbenaca* L. sont à démêter. Les types *clandestina* L., *horminoides* Pourr., *multifida* Sibth., sont très distinots et ne prêtent guère à confusion. Il n'en est pas de même du *S. verbenaca* L. sensu stricto.

N.ᵒˢ 2322 à 2325. × **Mentha villosa** Huds. formes ou variétés.

Le n.º 2322 est la variété **Wirtgeniana** Rouy.— Ex Coste—et se trouve par un talus humide de la route entre Enveitg et la Tour de Carol; une seconde colonie un peu différente se trouve à côté.

Le n.º 2323, **M. Gilloti** Des. et Dur.—Ex Coste— croît dans un fossé, derrière la colline de Llivia, sur le chemin d'Estavar. C'est une petite colonie isolée.

En 1910, nons l'avons vu sur plusieurs points du territoire de Lliviá.

Le n.º 2324, **M. Riparti** Des. est Dur.—Ex Coste —est associé à d'autres formes, par des lieux humides aux alentours de Bourgmadaure.

Le n.º 2325 var. **remotiflora** nov.

Caules ramosissimi; ramı inferiores steriles, breviores, ceteri spicis basi interruptis, tenuibus, plumosi acuti ante florationem.

Caractérisé par des tiges très rameuses, rameaux inférieurs stériles, plus courts les autres, portant des épis interrompus à la base, grêles plumeux en pointe avant la fioraison; fleurs légèrement rosées; forme affine—teste Coste, au *M. Rosani* Strait, se trouve près de Lliviá, par un talus herbeux des bords de la route neutre.

Remarque.—Ces quatre formes présentent des colonies denses isolées ôu associées et ne se mélangent pas, restant identiques à elles-mêmes.

N.ᵒˢ 2326 à 2328. **M. longifolia** Huds. formes ou variétés.

Le n.º 2327, var. **longidentata** nov.

Folia profunde dentata, acuminata, valde discoloria; spicæ latæ subcylindricæ; bracteæ velutinæ valde apparentes ante apparitionem corollarum rosearum.

Se caractérise par ses feuilles profondément dentées, acuminées, très discolores, épis larges subcylindriques, bractées velues très apparentes avant l'apparition des corolles rose-tendre.

Hab.—Cerdagne: Talus de fossés, pied des murs entre Llivia, et Puigcerdá, près la route neutre.

Le n.º 2328, **M. Donatiana** nov.

Affine—teste Coste—à la var. *splendens* Briq., a été dédiée par nous à un de nos amis et compagnons de courses, frère Septimin-Donat.

Ramosissima, ingens; folia usque ad 15 cent. longa, dentibus separatis et parum profundis; spicæ cy-

lindricæ, compositæ, perlongæ, densæ, primis verticillis exceptis, haud latis.

Cette menthe, qui croît par des pelouses non humides, prend un développemen gigantesque Son port
est très ramifié, ses feuilles atteignent jusqu' à 15 cent.
de long, leurs dents sont écartées et peu profondes;
les épis cylindriques, composés, deviennent très
longs; ils sont compactes excepté les premiers verticilles, et pas larges. Toute la plante présente un aspect
terne, cendré.

Hab.—Estavar, pelouses fraîches près Bajanda.
En 1916, nous l'avons trouvé sur plusieurs autres
points su territoire de Lliviá.

N.ᵒˢ 2329 et 2330. **Mentha arvensis** L.

Le n.º 2329, var. **obtusifolia** Lej. et Court.—ex
Coste—represente une plante très feuillée, très rameuse, en boule, à fleurs de couleur vive; tandis que le
n.º suivant a des tiges ordinairement simples, des
fleurs pâles en verticilles plus écartés La première
habite les prairies ou les fossés des environs de la
fontaine sulfureuse de Lliviá et d'Estavar; la seconde
croît dans les herbes sur les bords d'un sentier de
Lliviá à Ouzés, un peu avant la passerelle du Sègre.
Cette même forme se trouve aussi à Bourgmadame,
Ur, les Escaldes, Dorres, etc.

N.º 2331. **M. ceretanica** nov.

Caulis fortis, ramosus, plus minusve velutinus;
verticillis apertis, numerosis, aphyllis; floribus leviter roseis; foliis subsessilibus, cordatis, dentatis, plus
minusve recurvis; floratio serotina.

Nous ne pouvons nous résoudre à considérer cette
belle Menthe, si abondante au bord de tous les chemins aux alentours de Lliviá, Ur, Bourgmadame,
comme un hybride. Nous la croyons une forme propre, intermédiaire entre la *M. aquatica*, qui n'existe
pas en Cerdagne, et le *M arvensis*, qui s'y trouve répandu, mais passe souvent inaperçu.

Plante des talus secs herbeux, marges des chemins, à tige robuste, rameuse, plus ou moins velue;
verticilles écartés, nombreux, non feuillés; fleurs
légèrement rosées; feuilles subsessiles, cordées, dentées, plus ou mois récurvées: Floraison tardive.

Hab.—Cerdagne: Abondant aux alentours de Lliviá, Ur, Bourgmadan, Estavar, etc , surtout au bord
des chemins.

N.° 2232. **M. Yvesii** nov.= *M. Hostii × ceretanica* ej.

Caules ramosi, flexuosi, velutini–lanosi; folia cau-
linia grandia, 7 × 4 1/2 cent., ramealibus multo minoribus, minus ovalibus vel aliquantulum attenua-
tis ut in *M. Hostii*, inæqualiter serratis; verticillis
inferioribus foliis magnis, apertis, superioribus semper foliatis, sed subcontiguis et spicam foliis termi-
natam formantibus; floribus pallidis manifeste pedunculatis

Tiges rameuses, flexueuses, velues-laineuses; feuilles caulinaires grandes, 7 × 4 1/2 cent., les raméales
bien plus petites, de forme moins largement ovale ou
un peu atténuées comme dans le *M. Hostii* Bor.,
inégalement dentées en scie; verticilles inférieurs mu-
nis de grandes feuilles, très écartés, les supérieurs
toujours feuillés, mais presque contigus et formant
un épi terminé par des feuilles; fleurs pâles visiblement pédicellées.

Nous croyons que cette menthe tient du *M. ceretanica* Sen. et du *M. arvensis* L. proles *M. Hostii*
Bor.

Hab.—Cerdagne: Bourgmadame, Lliviá, Cadegas,
Ouzés, Ur. etc. lieux frais.

Note.—Il nous a été agréable de parfumer de cette
belle menthe le souvenir de l'éminent agrostographe,
M. le Commandant A. St-Yves, qui a bien voulu
reviser et déterminer tous nos *Festuca*.

N.° 2334. **Sideritis hyssopifolia** L. proles **S. Vidali** nov.

Scapus fortiter lignosus, caulibus aperti-decum-

bentibus relative brevibus, sed fortiter ligneis, internodiis fere 2-2 1/2 cent.; foliis integris, subintegris
vel laxe dentatis in medio superiore, ultimo pari
subito mutante formam; spicis densissimis, cylindricis vel ovoideo–cylindricis, calicibus sublanosis, villosis, hirtis, apicibus calicinis totam spicam vestien-
tibus.

Ne nous paraît pas s' adapter à la description du
S. pyrenaica Poir. donnée par Willkomm et par
Rouy. Ses souches fortement ligneuses à tiges étalées-
décombantes- relativement courtes, mais fortement
ligneuses, entrenœuds d' environ 2-2 1/2 cent.,
feuilles entières, subentières ou lâchement dentées
dans leur moitié supérieure, la dernière paire chan-
geant subitement de forme, les épis très denses, cylindriques ou ovoïdes-cylindriques, les calices sublai-
neux, velus, hérissés, les pointes calicinales revêtant
complètement l' épi: voilà bien des caractéres, qui,
joints à l' aspect général vert jaunâtre de la plante et à
son facies, nous portent à considérer cette plante
comme une race du S. hyssopifolia L.

Hab.—France: Le Capcir, vallée de Galba, terres
en friche, au-dessus d' Esponsouille, vers 1550 m.

Note.—Nous sommes heureux de dédier cette remarquable labiée à M. le Conservateur de la Biblio-
théque Municipale de Perpignan, qui connaît toutes
les hautes vallées et, les sommets de la Cerdagne et
du Capcir.

N.ᵒˢ 2335 et 2409. **S. hyssopifolia** L. proles **S Pa-
storis** nov.

Planta longiter lignosa, multicauli–ramosa; caules
pubescenti-velutini, elongati, prostrati, superne simplices aut ramosi; internodia 1 1/2 - 2 1/2 cent longa;
folia angusta, introrsum plicata, sensim dilatata et
aliquantulum extrorsum arcuata, porvis foliis ad
eorum axillam, angustis, interdum mediam longitu-
dinem illorum æquantibus; verticilla spicis haud interruptis vel distantibus, var. *laxispica* nov., n.º 2409;
bracteæ ovali-acutæ, dentato-spinulosæ, sublæves,

calice viridiores; hoc longiter piloso, spinulis rectis, stramineis.

Plante longuement ligneuse, multicaule–rameuse; tiges pubescentes–velues, allongées, couchées, simples ou rameuses supérieurement; entrenœuds longs de 1 1/2 – 2 1/2 cent.; feuilles étroites pliées en dedans, élargies insensiblement et un peu arquées en dehors, portant de petites feuilles à leur aisselle, celles-ci étroites, égalant parfois la demi-longueur des premiéres; verticilles disposés en épis inninterrompus ou écartés, var. **laxispica** nov., n.º 2409; bractées ovales-aiguës, dentées-spinuleuses, subglabres, plus vertes que les calices, ceux-ci longuement poilus; spinules droites, couleur paille.

Hab.—France: Cerdagne, vallée de Carol, pentes granitiques sur la rive gauche, au-dessus de la Tour de Carol.

Note.—Il nous a été agréable de dédier cette plante à une très ancienne et noble famille d' Enveitg.

N.º 2336. **Thymus Cadevallii** Sen. et Pau.

Nous hésitons à faire entrer ce gracieux serpollet dans l' espèce *T. polytrichus* Ker. Il conviendrait peut-être d' intercaler cette forme entre les *T. polytrichus* Ker. et *T. lanuginosus* Mill. En voici la description:

Caules intricati, diu sub terra reptantes et radicantes, prostrati, breviter pilosi ad duas lineas oppositas, ad singula internodia alternantes; folia parva, oblonga, ad duos apices attenuata, facie inferiore minute punctata, satis fortiter nervosa, superne et ad nervos velutina, plerumque 8×3 mm., spicæ breves aut brevissimæ, foliosæ; corollæ vix dentes calicis superantes; labio superiore dentibus brevibus, medio ceteris longiore.

Tiges enchevêtrées, longtemps rampantes sous terre et radicantes, couchées, briévement poilues sur deux lignes opposées, alternant à chaque entrenœud; feuilles petites, oblongues, atténuées aux deux extré-mitées, finement ponctuées à la page inférieure, assez

fortement nervées, velues en dessus et sur les nervures, mésurant normalemet 8 × 3 m/m; épis courts ou
très courts, feuillés; corolles dépassant à peine les
dents calicinales; lèvre supérieure à dents courtes, la
médiane plus longue que les deux autres.

Hab.—France: Cerdagne, vallée de Carol, bords
de la route, vers 1350 m.

N.º 2339. **Leonurus cardiaca** L.

Gautier relègue cette belle plante parmi les espèces
à exclure des Pyrénées-Orientales. Notre séjour en
Cerdagne durant les vacances de 1916 nous a permis
d' y constater la présence de plusieurs plantes qui
avaient été ainsi mises jusque à l' index, et d' en dé-
couvrir un certain nombre qui n' y avaient pas été
signalées. Ce qui montre une fois de plus que le cha-
pitre des richeses naturelles d' une région, n' a pas d'
arrêt et qu' il peut s' allonger indéfiniment tant qu' il
se présentera des observateurs patients qui s' astrei-
gnent à les inventarier.

N.º 2340. **Lycopus europæus** L. proles **L. Sou-**
liei nov.

Caules graciles, folia lata, basi pinnati-partita in
caulinis inferioribus et mediis, 12 1/2 × 5 cent., sessilia ant subpetiolata; verticilla floralia parum numerosa, parum densa, separata; sepala valde sensibiliter
mucronulata.

Race ou variété remarquable par la gracilité des
tiges, l' ampleur des feuilles à base pinnatipartite
dans les caulinaires inférieures et moyennes, mensu-
rant 12 1/2 × 5 cent., sessiles ou subpétiolées; verticilles floraux peu nombreux, peu fournis, écartés, sépales très sensiblement mucronulés.

Hab —Cerdagne: Lliviá, lieux ombreux humides,
sur le chemin d' Ouzés, avant de franchir le Sègre.

Note.—Nous sommes heureux de dédier cette
plante à un infatigable explorateur des Pyrénées,
M. l' Abbé Soulié, notre ami et compatriote.

Le type nous a paru abondant en Cerdagne au bord des eaux.

N.° 2345. **Jasione perennis** Lamk. proles **J. pyrenaica** nov.

Scapus vivax, obliquus, tenuis, uno vel pluribus caulibus simplicibus, rectis, basi geniculatis, in duobus tertiis inferioribus uniformiter foliatis, nudis in ultimo; folia inferiora subspathulato-linearia, alia leviter undulato–dentata, omnia alterna; capitula grandia, læte cærulea, bracteis exterioribus anguste-ovali-lanceolato–acuminatis, interioribus obovatis, longiter ligulatis; sepala haud duplo longiora tubo calicis, linearia, aperta, basi haud ampliata.

Souche vivace oblique, grêle, à une seule ou à plusieurs tiges simples, droites, coudées à la base, uniformément feuillées dans les deux tiers inférieurs, nues dans le dernier tiers; feuilles inférieures subspatulées-linéaires, les autres légèrement ondulées-dentées, toutes alternes; capitules grands, d' un beau bleu, à bractées involucrales extérieures étroitement ovales–lancéolées acuminées, les intérieures obovales, longuement ligulées; sépales n' égalant pas deux fois le tubè du calice, linéaires, étalés, non élargis à la base.

Floraison allant de la fin juillet à la mi-septembre.

Peut–être notre plante, confondue avec le vrai *J. perennis* Lamk., est-elle plus rapprochée du *J. montana* L. Elle est très abondante à Montlouis et à S. Pierre, et sur la direction du Capcir, depuis 1600 m. jusque vers 2000 m.

Hab.—France: Cerdagne et Capcir: Montlouis et tout le massif jusqu' en Capcir, aux Angles, Formiguères, Esponsouilles, etc., le Cambredase, etc.

N.° 2250. **Alisma plantago** L. proles **A. Cadevallii** nov.

Scapus brevis ant brevissimus, 10-30 cent., simplex, ferens versus medium ramos floriferos inæqualis longitudinis, plerumque uno verticillo florum æqualiter pedunculatorum; folia elliptica lanceolata, primo pari nervorum supra basim orto, nervis a medio ortis valde visibilibus in sicco et cum secundariis longitudinalibus rhombos formantibus; pedunculi fructiferi a basi ad apicem sensim in clavam dilatati; polyachænia parva 5 mm. diametri haud attingentia.

Voici en quoi notre plante nous paraît différer de l' *A lanceolatum* With.: Hampes ou scapes courtes ou très courtes, 10 × 30 cent., simples, portant vers leur milieu des rameaux florifères d'inégale longueur, généralement à un seul verticille de fleurs également pédicellées; feuilles elliptiques lancéolées, première paire de nervures naissant au-dessus de la base; nervures qui partent de la nervure médiane très visibles sur le sec et formant des losanges oblongs avec les nervures secondaires qui parcourent la feuille dans sa longueur; pédoncules fructifères insensiblement grossis en massue de la base au sommet, polyakènes petits n' atteignant pas 5 m/m de diamètre.

La plante présente une forme à feuilles larges, cordées, var. **cordata** Sen., de même taille que la forme décrite.

Hab.—Cerdagne: Fossés inondés de la route neutre à Lliviá.

N.os 2356 et 1357. **Juncus tenageia** L et **J. compressus** Jacq.

Le *J. tenageia* est abondant par les prairies de la fontaine sulfureuse de Lliviá et plus haut dans les gorges; nous l' avons vu aussi dans les terrains humides de la plaine sur la rive gauche du Sègre. Gautier indique seulement dans les albères ce menu jonc d' une élégance rare.

Ce nous paraît être une nouveauté pour la Cerdagne, tout comme le *J. compressus* Jacq. dont la présence sur le territoire de Lliviá, vers Ur, ainsi que dans la vallée de Llo, vers 1600 m., est encore plus surprenante.

En 1908 nous rencontrâmes la même espèce par la sierra de Javalambre autour de Camarena, sous la

var. *macrocarpa* Sen. et à une altitude voisine aussi
de 1600 m.

· N.º 2359. **Luzula erecta** Desv. proles **L. pyre-**
naica nov.

Caules solitarii aut bini ternive, tenuissimi, læves,
plerumque 3 cent. longi, scapo subbulboso; folia linearia, longiter pilosa, lanosa ad vaginæ foramen;
spicæ parum numerosæ, paucifloræ, centralis sessilis;
anthela æqualis folio florali.

Tiges solitaires ou reunies par 2-3, très grêles,
glabres, atteignant généralement 3 cent. de long, à
souche presque bulbeuse; feuilles linéaires, longuement poilues, laineuses à l'orifice de la gaine; épis
peu nombreux, pauciflores, le central sessile; anthèle
égalée par la feuille florale.

Hab.—France: Cerdagne et Capcir, bois des massifs du Cambredase, montagnes des massifs du Carlitte, entré 1600 et 2000 m.

N.º 2364. **Deschampsia juncea** L. proles **D. ele-**
gans nov.

Caules densissime cæspitosi, longissimi, facile 8
dec. superantes; ipsi ramique valde scabri semper-
que capillares ac violacei; folia juncifolia, tenuia, longissima; ligula longiter lanceolata; panícula ramis
longis, binis vel ternis verticillatis, plerumque binis,
duos ramusculos, interdum unum emittentibus, vi-
cissim divisis; spiculæ in parvos fascículos plus minusve laxos; glumulæ haud aristatæ.

Chaumes en touffes très denses, très longs, dépassant facilement 8 décimètres, très scabres ainsi que
les rameaux, toujours capillaires et violacés; feuilles
junciformes, fines, très longues; ligule longuement
lancéolée; panicule à rameaux longs, verticillés par
2-3, le plus souvent deux, émettant sur leur longueur deux ramuscules ou parfois un seul, subdivi-
sés à leur tour; épillets réunis en petits fascicules
plus ou moins lâches; glumelles non aristées.

Hab.—Cerdagne: Lliviá et Estavar, coteaux humides vers 1300 m.

N.° 2372. **Aspidium lobatum** Srr.=*Polystichum lobatum* Presl.

Bien que Gautier doute de la présence de cette belle fongère en Cerdagne, nous l' avons trouvée dans les gorges de l' Angost près d' Estavar, vers 1250 m., à l' ombre des rochers. Nous ne l' avons pas vue dans les vallées du Capcir si aimées de grandes fougères. Nous signalerons la présence de l'**Aspidium illyricum** Borbas dans la vallée de Galba, vers 1600 m., sur la rive droite du torrent, dans les éboulis schisteux.

Nous devons la détermination de ces espèces et des suivantes à M. le Dr R. de Litardière, que nous remercions ici bien sincèrement.

N.° 2373. **Dryopteris dilata** (Hoffm) A Gray ssp. **spinulosa** (Müll.) R. Lit. var. **exaltata** (Lasch) Druce, de la vallée de Balcères.

N.° 2374. **D. dilatata**, var. **oblonga** (Milde), de la même localité.

N.ºs 2378 à 2385 **Hieracium** sps. déterminés par M. H. Sudre, que nous remercions ici bien vivement.

N.° 2378 **H. boreale** Fr. ssp. **H. quercetorum** Jord. var. **euleion** Sud. et Sen.

Cerdagne: Lliviá et Estavar, lieux herbeux des gorges, vers 1300 m.

N.ºs 2379-80 et 82. **H. aurigeranum** Loret et Timb.'!=*H. subvirens* A. T.! Même localite, excepté le n.° 2382, moins rameux et pauciflore, qui est de la forêt de la Motte.

N.º 2381. **H. subinuloides** Sud. hb.=*H. inuloides* v. *intermedium* Nechtz.=*H. corymbosum* f. *silesiaca* A.-T.

Cerdagne: Gorges d' Estavar, vers 1220 m.

N.º 2384. **H. eynense** Sud.!=*H. hecatadenum* A. T. et G. p. p.

Cerdagne: Estavar et Lliviá à l' entrée des gorges, rochers schisteux, vers 1250 m

Note.—«La plante appelée *H. hecatadenum* par Arvet. Touv. est une forme grêle de *H. pseudoeriophorum*!!»

Sudre in sched.

Nous ajouterons quelques autres formes toutes déterminées par notre confrère de Toulouse.

H aspreticolum Jord. fa., **H. onosmoides** Fr. v. **buglossoides** A. T., **H. rapunculoides** A. T. var. **protractum, H. silvicola** Jord. (*H. subalpinum* A. T) fa., **H. silv.** var. **papyraceum** (Gr.), **H acuminatum** Jord v. **tortifolium** et fa., **reducta, H. deductum** Sud., **H. festivum** Jord.

Toutes ces espèces sont de la forêt de la Matte, dans le Capcir, vers 1550 m. Ce ne sont que quelques espèces prises en passant. Il y en a bien d' autres, telles que **H. drazeticum** A. T. et G., que nous y récoltâmes en 1897. Les pentes Nord du Cambredase, les forêts de la haute vallée de la Têt entre Montlouis et les Bouillouses, nous ont paru riches en plantes de ce groupe. Malheureusement on est débordé, et l' esprit, pas plus que le chasseur, ne peut courir deux lièvres à la fois.

Dans tous ces groupes critiques: *Euphrasia, Hieracium*, etc., il faudrait faire des battues, examiner toutes les formes, voir leur distribution dans les sites et les altitudes, leur fréquence, etc., et après cela dresser des clés dichotomiques.

Mais tout cela demande du temps et des dépenses. Temps, petit budget, activité. enthousiasme, esprit d' observation et de méthode. Quel est l' homme qui réunira en lui-même tous ces précieux éléments? Mais si un seul ne les possède, on met en œuvre ce que dit le proberbe: L'union fait la force.

Voici encore quelques noms de ce groupe qui, pour être si repandu et si polymorphe, ne peut que présenter plus de renseignements utiles sur l'exposition, les climats, les terrains, etc

H. onosmoides Fr. v. **buglossoides** A. T. — Coteaux de Dorreset les Escaldes

H. pallidifrons Sud.—Vallée de Balcères, vers 1500 m

H. oleicolor A. T. et G.—Montagnes de Dorres, roches granitiques.

H. eynense Sud. var —Même localité.

H. adenoclinum A. T. p. p. f **subbarbata** — Angoustine et Dorres, murs et rochers.

H. crenatifolium A. T. et. G.—Vallée de Llo; rochers, vers 1600 m

H candollei Maun.—Abondant ∣par les montagnes de Dorres vers 1900-2200 m.

H. tardans N P.—Cordillère du Tibidabo, près Barcelone, vers le Pantano.

H. tardans v. **holotrichum** N. P., voisin *H. pseudopilosella* Ten.—Massif du Tibidabo, bois de la Trinidad vers Horta.

H. leptobrachium T. et G.—Massif du Tibidabo, depuis l'observatoire Fabra, jusqu' au bois de la Trinidad, où il est assez abondant.

N.° 2386. **Rubus thyrsanthus** Focke.

Cerdagne: Les Escaldes, halliers à l'ombre des bois.

Nous indiquerons quelques autres espèces déterminées par H. Sudre.

× **R apertionum** L. et M.=*cuspidifer* × *cœsius* Sud.—Cerdagne: Lliviá à Sareja, haies et halliers.

R. cuspidifer Seg. et M.—Les Escaldes, haies.

Les espèces ou formes suivantes sont du Massif du Tibidabo près Barcelone.

R. ulmifolius Schott. ssp. **anisodon** Sud., pro-
babiliter. Alentours de Vallvidrera, sur le chemin du
Pantano.

× **R. assurgens** B. et Br.=*cæsius* × *ulmifolius*
Sud. — Barranco de Vallvidrera, non loin de la
station.

× **R. Senneni** Sud.=*tomentosifrons* × *ulmifolius* ej.

Coto de la Aduana, mêlé aux Cistes. Notre élève
R. Queralt nous a remis la même plante d' Igualada,
Camino de l' Espel.

· **R. subparilis** Sud.—Entre le Coto et la Trinidad.

× **R. tomentellifrons** Sud.— Même localité.

N.º 2502. **Rubus tomentosifrons** Sud. vel *R.
cistoides* Pau ¡in litt.!

M. Sudre nous indique en note que cette ronce
n' était connue jusqu' à ce jour que d' Ampus (Var)
et des environs de Toulouse.

Elle se trouve par toute la cordillère du Tibidabo,
de Sta. Creu à S. Medi et le Coto de la Aduana. Elle
est aussi par les collines de Montalegre, et propable-
ment par toute la chaîne du litttoral, où elle avait
été confondue avec le **R. tomentosus** Borckh.

N.º 2399. **Caucalis daucoides** L. proles **C. Que-
ralti** nov.

Caules breves, parum ramosi, interdum dichoto-
mi, plerumque ramis brevibus, lævibus; folia basila-
ria petiolata, vaginantia, superiora subsessilia, omnia
trisecta, segmentis lateralibus minus longiter petiolu-
latis quam medio, hoc plerumque quatuor paribus
segmentorum basi pedicellatorum,s ensim sessilium,
primo pari ab ultimo distanti æque ac pars reliqua
segmenti; hæc segmenta pinnatipartita et in lobulos
æquales oblongos obtusosque divisa; umbellæ duobus radiis communiter, raro 3·4, et tunc radiis sensibiliter inæqualibus, haud semper ubi duo, probabi-
liter quia qui axim produceret est abortivus; bracteæ umbellares retiformes aut nullæ; basis umbellæ

semper cum parva zona pilorum; bracteolæ involu-
celli caducæ; radii glanduloso- pulverulenti, non scabri; plerumque in singulis radiis duo diachænia pe-
dicellata, ellipsoidea, 10 × 5 mm., parum basi attenuata; costæ secundariæ albæ, ferentes series 6 acu-
leorum confluentium, subito basi incrassatorum,
hamatorum, primariæ virides, basi setarum haud
confluentium; hæ albæ, tenues, fragiles; sæpe nihil
restat nisi bases, imitantes parvarum verrucarum series; sepala leviter accrescentia; styli satis longi, liberi
vel plus minusve conjuncti.

Tiges courtes, peu rameuses, parfois dichotomes,
portant ordinairement des rameaux courtes, glabres;
feuilles de la base pétiolées engainantes, les supérieures subsessiles, toutes triséquées, les deux segments
latéraux moins longuement pétiolulés que le médian,
celui-ci portant ordinairement 4 paires de segments
pédicellés à la base, devenant insensiblement sessiles,
la distance de la première paire à la deuxième aussi
longue que le reste du segment; ces segments sont
pinnatipartits et divisés en lobules égaux, oblongs,
obtus; ombelles à deux rayons pour l'ordinaire, rarement 3-4, el alors à rayons sensiblement inégaux,
pas toujours dans le cas de 2, probablement parce
que celui qui prolongeait l'axe du rameau a avorté;
bractées ombellaires sétiformes ou nulles, base de
l'ombelle présentant toujours une petite zone de
poils; bractéoles de l'involucelle caduques; rayons
glandulo-pulvérulents, non scabres; ordinairement
deux diakènes par rayon, pédicellés, ellipsoides,
10 × 5 m/m., peu atténués à la base; côtes secondaires blanches, portant des rangées de 6 aiguillons confluents, brusquement épaissis à la base, hameçonnés,
les primaires vertes, bases des soies non confluents,
celles-ci blanches, fines, fragiles; il ne reste souvent
que les bases, imitant une rangée de petites verrues;
sépales un peu accrescents; styles assez longs, libres
ou plus ou moins soudés.

Hab.—Cerdagne: Igualada à la montagne de «El
Pí», Leg. R. Queralt.

Note.— Il nous a été très agréable de dédier cette forme à un de nos bons élèves, très actif et très dévoué, qui a découvert aux alentours d' Igualada, sa ville natale, deux plantes nouvelles pour la flore de Catalogne: *Rumex intermedius* DC. et *Euphorbia prostrata* Ait., cette dernière nouvelle pour la flore d' Espagne. (Dr Thellung in litt.).

N.º 2400. **Euphorbia prostrata** Ait. Hort. Kew. II, 1789, p. 139.

Plante originaire de l' Amérique tropicale et subtropicale, de l' Afrique tropicale occidentale, île Maurice, Réunion, plusieurs îles du Pacifique.

Spontané dans l' île Madère et les Canaries?

Jusqu' à présent on l' a trouvé adventice et naturalisé dans la Grande Bretagne, en France (Lyon, Toulon, Montpellier), en Portugal, en Italie.—Ex Dr A. Thellung, Flore adventice de Montpellier, p. 369, et Thell. miss.

N.ºs 1441 et 1442. **E. serpens** H. B. K. et var. **radicans** Boiss.

Espèce confondue avec *E. Engelmanni* Boiss.

M. le Dr A. Thellung, à qui nous devons la rectification, l' indique comme originaire de l' Amérique du Nord et de l' Amérique Centrale, et dans le Sud des Indes Orientales. Thell. loc. c., p. 367.

L' épithète variétale de *radicans*, que nous nous étions attribuée, appartient en réalité à Boissier, qui l' avait employée bien longtemps avant nous.

Nous croyons que ce caractère, existant souvent sur les jeunes pieds, disparaît parfois ensuite; mais nous ne pouvons pas affirmer que la plante soit toujours radicante.

Nous avons trouvé cette plante au port de Barcelone, dans les sables à la base de Monjuich, au Morrot, à Can Tunis, et cela depuis plusieurs années.

N.º 1411 **Alyssum Hieronymi** nov.

Radix verticalis, annua; caules 1-3, simplices, in-

terdum in parte superiore ramosi, recti, robusti, 13-20
cent., albo-tomentosi, ipsi et folia pilis stellatis, vestiti, longiter nudi ad basim ad fruclificationem, basi
aliquot ramis horizontalibus abortivis, discum folio-
lorum ad apicem portantibus; folia lineari-oblonga-
spathulata, obtusa; racemi circiter 3-8 cent., densi;
flores flavo-sulphurei, in album tendentes in ramo,
leviter superantes sepala lanceolata, obtusa, persi-
stentia; siliculæ grandes, 4 1⁄2 × 4 mm., latiores quam
longiores, viridi-griseæ, parte centrali leviter con-
vexa, 2 mm. late marginatæ, valde sensibiliter emar-
ginatæ, pilis longis albis basi verrucosa et parvis pilis
stellatis vestitæ; stylus valde exertus, obscurior si-
liculis.

Racine pivotante annuelle; tiges 1-3, simples, ac-
cidentellement ramifées à la partie supérieure, droites, robustes, mesurant 13-20 cent., blanches-tomen-
teuses, convertes, ainsi que les feuilles, de poils étoilés,
longuement nues à la base à la fructification, accom-
pagnées à la base de quelques rameaux horizontaux
avortés, portant à leur extrémité une rosette de petites feuilles; feuilles linéaires-oblongues-spathulées,
obtuses; grappes de 3-8 cent. environ, denses; fleurs
jaune-soufre passant au blanc sur le rameau, dépassant un peu les sépales lancéoles, obtus, persistants;
silicules grandes, 4 1⁄2 × 4 m⁄m., plus larges que longues, d'un vert gris, partie centrale faiblement convexe, 2 m⁄m., largement marginées, très sensiblement échancrées, couvertes de longs poils blancs à
base verruqueuse et de petits poils étoilés; style très
saillant, de couleur plus foncée que les silicules.

Hab.—Alentours de Madrid à Chamartín de la
Rosa.—Leg Ho. Jerónimo, à qui nous avons eu le
plaisir de dédier cette forme.

N.° 2420. ✕ **Brunella hybrida** Knáf, var. **sim-plex** nov.

Caules simplices, elongati, rubricosi; folia angusta plus vel minus laciniata.

Tiges simples, allongées, rougeâtres; feuilles étroites plus ou moins laciniées.

Plante récolté par un terrain marécageux dans le voisinage du **B. vulgaris**. Le **B. laciniata** Jacq , croissait dans les pâturages d' alentour. La place de cette forme relativement à celle des parents, permet de conclure que, dans le cas actuel, le *B. laciniata* était le porte pollen. Hab. près de Manlleu, Catalogne.

A Berga nous recueillimes par la montagne de Castillo del Moro un **B. hybrida** var. **ramosa** nov. à tiges conchées-décombantes, très rameuses, à lanières foliaires très étroites.

Caules prostrati-decumbentes, ramosissimi, laciniis foliaribus angustissimis.

Dans cette dernière forme, le rôle des parents doit être interverti.

N.º 2421. **Teucrium Polium** L. var. **bombycinum** nov.

Caules numerosi, pubescentia alba densa vestiti, prostrati adscendentes; folia angusta fortiter revoluta, cinerea, sicut tota planta; flores in capitulis sphæricis aut ovoideis plus minusve elongatis, tomento abundanti vestitis, referente *Hyeracium bombycinum* Boiss.

Tiges nombreuses revêtues d' un tomentum blanc épais, couchées ascendentes; feuilles étroites fortement révolutées, cendrées ainsi que toute la plante; fleurs réunies en capitules sphériques ou ovoïdes plus ou moins ablongés, revêtus d' un tomentum abondant, rappelant le feutre de l' *Hieracium bombycinum* Boiss.

Suivant H. Coste, cette variété est affine à la variété *aureoforme* Rouy.

Hab.—Catalogne: Dunes maritimes de Castelldeféls.

N.º 2443 ✕ **Centaurea Sudrei** Sen et Elías, = *C. amara* ✕ *Calcitrapa* vel *C. confusa* ✕ *Calcitrapa* eor. nov.

Caules et folia *C. amaræ* parvæ et foliis angustis;

calathides *C. amaræ*, bracteis involucri apice spina tenui, marginibus plus vel minus ciliatis.

Tiges et feuilles d' un *C. amara* de petite taille et à feuilles assez étroites; calathides de *C amara*, avec les bractées involucrales terminées en épine faible à bords plus ou moins ciliés, ce qui accuse un croisement à le *C. calcitrapa* ou peut être avec le *C. confusa* Coste et Sen.

Hab.—Castille: Ameyugo, talus.—Inter parentes. — Leg. Elias.

N.º 2450. **Salvia officinalis** L. var. **castellana** Sen. et Elias, nov.

Arbustum basi fortiter lignosum; rami annuiteretes vel crassiores subtetragoni, tomentosi, virides; folia parva. lanceolata, tenuiter basi auriculata, petiolata, exceptis floralibus, quæ auriculis carent, leviter discoloria; flores in spicis basi paniculatis, dein in spicis verticillis paucifloribus, plus minusve apertis vel valde apertis, juxta periodum florationis, ultimis verticillis plerumque densissimis; flores labio superiore recto, inferiore lobo medio magno, in angulum rectum cum labio superiore; calix campanulatus, sepalis late triangularibus acuminatis subulatis; achænia sphærica, lævia, subnitentia.

Arbrisseau fortement ligneux à la base; rameaux de l' année arrondis ou les plus gros subtétragones, tomenteux, verts; feuilles petites, lancéolées, faiblement auriculées à la base, pétiolées à l' exception des florales, qui ne sont pas auriculées, très légèrement discolores; fleurs en épis paniculés à la base, puis en épis de verticilles pauciflores plus ou moins écartés ou très écartés suivant la période de la floraison, les derniers verticilles ordinairement très denses; fleurs à lèvre supérieure droite, l' inférieure à lobe médian grand, formant angle droit avec la lèvre supérieure; calice campanulé à sépales largement triangulaires acuminés en pointe en alène; akènes sphériques, lisses, presque luisants,

Hab.—Castille: Environs de Miranda, garrigues et collines incultes.—Leg. Elías.

N.º 2512. ✕ **Reseda Benitoi** = *R. phyteuma* ✕ *lutea* ej. nov.

Habitu aperto decumben te ut *R. phyteuma*, cujus habet foliorum lobos latos planosque, ad margines tenuiter serrulatos, læte viridium; sed possunt etiam folia habere adspectum cinereum et lobos angustiores; racemi flexuosi, elongati, similes illis *R. luteæ*, sine illorum rigiditate; pediculi recti vel leviter arcuati; sepala viridia, linearia, brevia longiter superata a petalis integris, flavo-sulphureis; stamina sepala haud superantia; capsulæ abortivæ.

Port étalé décombant du *R. Phyteuma*, dont il a les lobes larges et plans des feuilles, finement serrulés aux bords, d'un beau vert, mais pouvant aussi avoir un aspect cendré et des lobes plus étroits; grappes flexueuses, allongées, semblables à celles du *R. lutea*, bien qu'elles n'en aient pas la rigidité; pédicelles droits ou légèrement arqués; sépales verts, linéaires, courts, longuement depassés par les pétales entiers d'un jaune soufre; étamines ne dépassant guère les pétales; capsules avortées.

Un seul pied nous donna une trentaine de parts.

Hab. Catalogne: Badalona, bords de la route de Montalegre.

Remarque.—Cette même plante, sous un facies différent, tiges et feuilles densément garnies d'aspérités, avait été recueillie il y a quelques années par Ho. Benito aux alentours de Barcelone à Vallvidrera, et par nous à Vista Rica et S. Jerónimo. Nous avons dédié cette plante à notre dévoué confrère.

N.º 2262. **Herniaria glabra** L. proles **H. ceretanica** nov.

Caules breves, radicantes, cæspitosi, viridi-flavi; rami alterni numerosi foliosi, plerumque breves, interdum satis longi, pulverulenti; internodia 1 cent., longiora in caulibus præcipius, circiter 1/2 cent. in parvis, brevissima aut contigua in ramis secundariis; bracteæ scariosæ, parum apparentes, brevissimæ; glomeruli florales parvi; foliosi, ad axillas parvorum foliorum lanceolatorum, sessiles, virides; capsulæ tenuiter et visibiliter apiculatæ; semina matura parva, nigra, nitida.

Nous avons toujours vu, dans le Midi de la France et en Espagne, l' *H. glabra* L. avec des tiges courtes radicantes, formant un gazon vert tirant sur le jaune, et non tiges très longues partant d' une seule racine probablement bisannuelle, jamais radicantes, portant de nombreux rameaux alternes feuillés et assez courts pour l' ordinaire, parfois assez longs, pulvérulents; entrenœuds dépassant 1 cent. sur les tiges principales, d' environ 1/2 cent sur les petites, très courts ou contigus sur les rameaux secondaires; bractées scarieuses, peu apparentes, très courtes; glomérules de fleurs petits, feuillés, situés à l' aisselle de petites feuilles lanceolées, sessiles, vertes; capsules finement et visiblement apiculées; graines mûres petites, noires, luisantes.

Hab.—Cerdagne: Les Escaldes, lieux vagues vers 1400 m.

N.° 2387. **Euphrasia alpina** Lamk. proles **E. Ponsi** = *E. alpina* var. *pseudostricta* Wilczek in sched.

Caules simplices aut ramosi, nigro-violacei, communiter 13-15 cent., irregulariter pilis parvis albis retrorsum curvatis vestiti; folia caulinaria et ramealia sparsa, sessilia, magna, ovali-lanceolata, 6 dentibus integris, profundis, longiter cuspidata, bracteis similia; bracteæ sese partim cooperientes, formantes fasciculos ad apicem ramorum, tenuissime nervatæ; racemus centralis longus, laxus, præterquam ad apicem; ceteri breves; calix campanulatus, bilabiatus, albus, leviter viridi nervatus sepalorum nervo; sepala lanceolata-aristata, marginibus incrassatis denticulatis, inter se in eodem labio angulos acutíssimos formantia; labia tubo longiora; corolla in parte exerta

cærulea, labio inferiore grandi, lato, profunde trilo-
bato, lobis obtuse bifidis, medio vix longiore; capsula
glabra, aristis calicinis superata, in suturis superioribus ciliata; stylus discolor sinum vix visibilem
superans.

Tiges simples ou rameuses d' un noir violacé, mesurant normalement 13-15 cent., irrégulièrement re-
couvertes de petits poils blancs recourbés en arrière;
feuilles caulinaires et raméales éparses, sessiles grandes, ovales-lancéolées, à 6-dents entières, profondes,
longuement cuspidées, glabres, semblables aux bractées, celles-ci se recouvrant en partie formant pin-
ceau au somment des rameaux, très faiblement nervées; grappe centrale longue, lâche, excepté au sommet, les autres courtes; calice campanulé, bilabié,
blanc, légèrement nervé en vert par la nervure des
sépales, ceux-ci lancéolés aristés à bords épaissis, den-
ticulés formant entre eux dans la même lèvre des
angles très aigus; lèvres plus longues que le tube; corolle bleue dans la partie saillante, à lèvre inférieure
grande, large, profondément trilobée, à lobes obtusé-
ment bifides, le médian à peine un peu plus long;
capsule glabre, étroite, dépassée par les arêtes calicinales, ciliée aux sutures supérieures; style discolore
dépassant l' échancrure à peine visible

Hab.—Cerdagne: Dorres et les Escaldes, pelouses
vers. 1500 m.—En fleur le 15 juillet 1915.

N.º 2388 **E. alpina** Lamk. proles **E capcireusis**
nov. = *E. alpina* var. *pseudostricta*
Wilczek in sched.

A præcedente distincta pilis albis in caulibus ra-
misque densioribus; foliis minoribus, 6 dentibus minus profundis, minus aristatis; floribus tubo longiore, albo colore ad basim labiorum expanso; sepalis
valde scabris, æqualibus vel minoribus capsula pul-
verulenta, ad suturas ciliata.

Se sépare du précédent par le revêtement de poils
blancs sur les tiges et les rameaux plus dense; feuilles plus petites, à 6-dents moins profondes, moins

aristées; fleurs à tube-plus long, le blanc débordánt
sur la base des lèvres; sépales très scabres, égalés ou
dépassés par la capsule pulvérulente, ciliée aux sutures.

En somme, cette forme diffère peu de la précé-
dente.

Hab.—France: Le Capcir, coteaux herbeux aux
Angles vers 1600 m.

N.º 2389. **E. alpina** Lamk. proles **E. Gautieri**
nov.=*E. alpina* Lamk. typica—Wil-
czek in sched.

Planta brevis, 7–10 cent., ramosa, colore et vestitu
duarum præcedentium; folia caulinaria parva, 9 × 4
mm., anguste ovali oblonga; folia ramealia plerumque multo minora, 6 dentibus satis brevibus, parum
vel nullatenus aristatis; bracteæ magnæ, late ovales,
plerumque 8 dentibus, longiter et tenuiter aristatis,
excepto lobo terminali; racemus centralis brevior et
minus laxiflorus præcedente; capsula pubescens, sepalis longiter aristatis superata.

Plante basse, 7–10 cent., rameuse, couleur et revêtement des deux précédentes; feuilles caulinaires
petites 9 × 4 m/m, étroitement ovales-oblongues, celles des rameaux ordinairement beaucoup plus petites,
6-dents assez courtes peu ou pas aristées; bractées
grandes, largement ovales, ordinairement à 8-dents,
longuement et firmement aristées, excepté le lobe
terminal; grappe centrale plus courte et moins laxi-
flore que dans le précédent; capsule pubescente dépassée par les sépales longuement aristés.

Hab.—Cerdagne: Pelouses à St.-Pierre, vers 1600 m.

Note.—Plante abondamment répandue dans toute
la région du col de la Perche et dans la haute Cerdagne, où il couvre de vastes étendues, qu' il décore
de ses grandes fleurs violettes.

N.º 2390. **E. hirtella** Jord. proles **E. Sebastiani**
nov =*E. Freynii* Wettst =*E mini-
ma* × *hirtella* Vilczék in sched.

Caules simplices vel duobus ramis prope basim,

nigro-violacei, pilis parvis albis leviter glandulosis hirti, 8 15 cents. longi; folia sparsa, parva, ovali-oblonga, leviter 6-crenulata, leviter pubescentia glandulosa, marginibus reflexis; bracteæ majores cuneatæ, in flabellum dilatatæ; racemi longi et laxiflori vel interdum breves, densissimi versus apicem; flores distichi, plerumque bini ad duo latera opposita et leviter alterni; calix basi valde attenuatus, medio leviter inflatus, pubescens, lineolis ex punctis nigris striatus; capsulæ viridi flavæ, levibus pilis vestitæ, ad suturas leviter ciliatæ, 5 mm. longæ, vix calice longiores; semina ellipsoidea, albo-farinosa, minute et satis profunde striata.

Tiges simples ou portant 2 petits rameaux vers le bas, d' un noir violacé, hérissées de petits poils blancs faiblement glanduleux, longues de 8-15 cent , feuilles éparses, petites, ovales oblongues, légèrement 6-crénelées, un peu pubescentes glanduleuses à bords repliés; bractées plus grandes, en coin, élargies en évantail; grappes longues et laxiflores ou parfois courtes très denses vers le sommet; fleurs distiques, ordinairement réunies par deux sur deux côtés opposés et légèrement alternés; calice très atténué à la base, un peu renflé au milieu, pubescent parcouru par de petites lignes de points noirs; capsules d' un vert jaunâtre. couvertes de légers poils apprimés, légèrement ciliées aux sutures, longues de 5 m/m , à peine plus courtes que le calice; graines ellipsoides, blanches-farineuses, finement et assez profondément striées

Hab.—France: Le Capcir, pelouses dans la forêt de la Matte non mêlé à d' autres espèces–1550 m.

Note —Nous avons été heureux de dédier cette plante à un enfant du Capcir, Gilles Riveill, frère Sébastien-Alfred, Directeur du Collège français de Lliviá.

N.° 2391. E. nervata nov.

Ramosa, usque ad 20 cent. longa, ad nudum plus minusve geniculata; caules grisacei plus minusve violacei, plilis plus minusve crispis vestiti; rami aperti,

parum numerosi, angulos acutos cum axi principali
formantes; folia inter se 1-2 cent. distantia, ab axi
separata, longiora quam latiora, marginibus revolu-
tis, 4-6 dentata, dentibus acutis aut subobtusis; bracteæ subpetiolatæ, majores, ovali-lanceolatæ, pubescentes, fortiter nervatæ, dentibus ciliatis subhamatis;
racemi longi, laxiflori; calix campanulatus, subbila-
biatus, sepalis basi lata, brevibus, leviter aristatis, vix
capsulam superantibus; flores parvi, labio superiore
tomentoso; capsulæ longiter pedicellatæ, pubescentes,
ad margines ciliatæ, valvis profunde sulcatis.

Plante rameuse atteignant 20 cent., plus ou moins
coudée au nœud; tiges d' un gris plus ou moins violacé, revêtues de poils blancs crépus; rameaux écartés, peu nombreux, formant des angles aigus avec l'
axe principal; feuilles distantes entre elles de 1-2
cent , écartées de l' axe, plus longues que larges, à
bords révolutés, 4-6 dentées, dents aiguës ou subobtuses; bractées subpétiolées, plus grandes, ovales-lancéolées, pubescentes, fortement nervées, à dents ciliées subhameçonnées; grappes longues, laxiflores,
pauciflores; calice campanulé, subbilabié, sépales à
base large, courts, faiblement aristés, dépassant à
peine la capsule; fleurs petites, à lèvre supérieure
feutrée; capsules longuement pédicellées, pubescentes, ciliées aux bords, valves profondément sillonnées.

Hab. — Cerdagne: Les Escaldes, pâturages vers
1400 m.
En fleur le 14 juillet.

N.° 2392 **E hirtella** Jord. proles **E. eaolensis**
nov.

Brevis, 6-16 cent.; caules rigidi, simplices vel raro
parum ramosi, basi plus minusve geniculati, nigro-
rubri, pilis albis crispis plus minusve glandulosis
vestiti; folia parva, longiora quam latiora, marginibus crenulatis, incrassatis, albescentibus; bracteæ
multo latiores, amplexantes, tomentoso glandulosæ,
profunde 8-dentatæ; racemi valde variabiles 2/3-1/3
caulis occupantes, densissimi, apice dilatati; calix

campanulatus apertus, sepàlis capsulam sensibiliter
superantibus; flores parvi, tubo incluso, labio superiore cærulescente, inferiore albo et flavo; capsula
parva 5 mm., pubescens, ad margines leviter ciliata.

Plante courte, 6-16 cent., à tiges rigides, simples
ou rarement peu rameuses, plus ou moins coudées à
la base, d' un noir rougeâtre, revêtues de poils blancs
crépus, plus ou moins glanduleux; feuilles petites,
plus longues que larges, à bords crénelés, épaissis,
blanchâtres; bractées beaucoup plus larges, embras-
santes, tomenteuses-glanduleuses, profondement 8-
dentées; grappes très variables, occupant $\frac{2}{3} - \frac{1}{3}$ de
la tige, très denses, élargies au sommet; calice en
cloche évasée, sépales dépassant sensiblement la capsule; fleurs petites, à tube inclus, lèvre supérieure
bleuâtre, l' inférieure blanche et jaune; capsule petite
5 m⁊m., pubescente, legèrement ciliée aux bords.

Hab.—Cerdagne: Vallée de Carol, pelouses vers
1400 m.

N.º 2393. **E. salisburgensis** Funk proles **E. ce-
retanica** nov.

Caules tenuissimi, simplices aut parum ramosi,
recti vel plus minusve flexuosi, pilis parvis albis crispis vestiti, 8-11 cent. longi; folia 4-dentata, dentibus
horizontalibus, latitudinem rachis æquantibus; bracteæ
majores latioresque, dentibus horizontalibus, longiter aristatis; racemi interdum $\frac{1}{2}$ caulis superantes;
flores longiter pedunculati; calix manifeste bilabiatus,
subglaber, sepalis tenuibus brevibusque; flores tubo
albo, labiis parvis, subclausis, albo-pallidis; capsula
parva, glabra, aristis calicinis paulo brevior.

Tiges très grêles, simples au peu rameuses, droites ou plus ou moins flexueuses, revêtues de petits
poils blancs crépus, longues de 8-11 cent.; feuilles
4-dentées, à dents horizontales, égalant la largeur du
rachis central; bractées plus développées, plus larges,
à dents non horizontales, longuement aristées; grap-

pes dépassant parfois la 1/2-tige; fleurs longuement pédicellées; calice nettement bilabié, subglabre, à sépales fins et courts; fleurs à tube blanc, à lèvres petites, presque fermées, d' un bleu pâle; capsule petite, glabre, un peu dépassée par les arêtes calicinales.

Hab.—Cerdagne: Vallée de Llo, sous les pins, vers 1640 m.

N° 1394.- E. papyracea nov.

Tenuissima, basi tortuosa, 7–15 cent. longa, caules leviter flexuosi, a basi ad apicem regulăriter foliis et bracteis dotati, vix violacei; folia parva, longiora quam latiora, 2–dentata, adspectu cartilaginea, marginibus leviter incrassatis et ciliatis, pariter ac bracteæ, ovali–cuneiformes, 4–dentatæ, sensibiliter minores versus racemi apicem; racemi valde laxi, præterquam ad apicem; flores cæruleo–pallidi, pedunculati, parvi, calice subduplo longiores; calix campanulato-bilabiatus, subglaber, aristis tenuibus, albis; capsulæ aristas calicis subæquantes, pubescentes, ad margines ciliatæ, profunde sulcatæ, 4 mm. longæ

Plante très grêle, tortueuse à la base, longue de 7-15 cent.; tiges un peu flexueuses; régulièrement garnies de feuilles et de bractées de la base au sommet, à peines violacées; feuilles petites, plus longues que larges, 2-dentées, d' apparence parcherninée, à bords un peu épaissis et ciliés, ainsi que les bractées, celles-ci ovales-cunéiformes, 4-dentées, sensiblement plus petites vers la partie supérieure de la grappe très lâche, excepté au sommet; fleurs d' un bleu pâle, pédicellées, petites, égalant presque deux fois le calice; celui-ci campanulé-bilabié, subglabre, arêtes fines, blanches, à peu près égalées par les capsules pyriformes; celles-ci pubescentes, ciliées aux bords profondément sillonnées, longues de 4 m/m.

Hab.—Cerdagne: Estavar, gorges de l' Angost, pelouses aux bords des rochers, vers 1250 m.

N.º 2395. **E. pectinata** Ten. proles **E. imbricata** nov.

Planta 10-25 cent. longa, fortis, nigro-rubra, plerumque ad $\frac{1}{4}$ inferius duos ramos inæquales ferens; spica longissima, æqualis, adcrescens, densissima, parte inferiore excepta; bracteæ dense imbricatæ, cuneiformi-lanceolatæ, infra medium latissimæ, 8-10-dentatæ, dentibus aristatis et marginibus incrassatis, çiliis rigidis et asperitatibus dotatis; flores pedunculati, mediocres, labiis cæruleis, exertis, subæqualibus et parum apertis; calix asperitatibus coopertus, albus, sepalis viridibus, crassus, capsulam plerumque superans; capsula parva, 3-4 mm., glabra, marginibus ciliatis.

Plante longue de 10-25 cent., robuste, d'un noir rougeâtre, portant ordinairement vers son quart inférieur 2 rameux inégaux; épi très long, égal, accrescent, très dense, excepté à la partie inférieure; bractées densément imbriquées, cunéiformes-lancéolées, très larges au-dessous de leur milieu, 8-10 dentées, à dents aristées et bords épaissis garnis de cils raides et d'aspérités; fleurs pédicellées, moyennes, lèvres bleues, saillantes. à peu près égales et peu écartées; calice couvert d'aspérités, blanc, à sépales verts et épais, dépassant ordinairement la capsule; celle-ci petite, 3-4 m/m, glabre, à bords ciliés.

Hab.—Cerdagne: Estavar, pelouses des gorges de l'Angost, vers 1250 m.

N º 2396. **E. revoluta** nov.

Parva, erecta vel geniculata ad basim, 5-12 cent., rubricosa; caules simplices, pilis albis hirti; folia opposita, longiora quam latiora, obscura, cuneiformia, 4-8-crenulata-lobata, lobo terminali orbiculari, 2 mm. lato; bracteæ valde diversæ a foliis, oblongæ, 8-dentatæ, dentibus et lobo terminali acutis, haud aristatis, subglabræ, asperatæ, marg nibus albis, incrassatis, muricato-ciliatis; spicæ breves, paucifloræ, laxifloræ, præterquam ad apicem; flores pedunculati,

mediocres, labiis parvis, æqualibus, superiore cæruleo, inferiore pallidiore; capsulæ aristis calicis brevio·
res, parvis punctis nigris striatæ

Plante petite, dresée ou coudée à la base, 5-10
cent., rougeâtre; tiges simples, hérissées de poils
blancs; feuilles opposées, plus longues que larges,
sombres, cunéiformes, 4-8 crénelées-lobées, lobe terminal orbiculaire, large de 2 m/m; bractées très différentes des feuilles, oblongues, 8-dents aiguës ainsi
que le lobule terminal, non aristées, subglabres, garnies d' aspérités, bords blancs épaissis, muriqués-
ciliés; épis courts, pauciflores, laxiflores, excepté au
sommet; fleurs pédicellées, moyennes, à lèvres petites,
égales, la supérieure bleue, l' inférieure plus pâle;
capsules dépassées par les arêtes calicinales, rayées de
petits points noirs.

Hab.—Cerdagne: La Cambredase, bois de pins,
vers 1700 m.

CRÓNICA CIENTÍFICA

OCTUBRE-NOVIEMBRE

ESPAÑA

BADALONA.—Para obsequiar al Sr. Director del Museo barcelonés de Ciencias Naturales D. Arturo Bofill algunos de sus amigos le han ofrecido un almuerzo, cuya minuta de exquisito gusto está redactada en latín, como cuadra a los cultivadores de las Ciencias Naturales. Para solaz y estímulo de nuestros lectores la trasladaremos a la letra, subsanando algún errorcillo de imprenta.

«Rectori Musei Barcinonensis Scientiarum Naturalium Arthuro Bofill, amici Joannes Aguilar-Amat, Ascensius Codina, Pius Font, Salvator, Josephus et Joachim Maluquer et Ignatius de Sagarra, prandium hoc libenter dicant.—Ciborum enumeratio —Clupeæ namnetenses—Apuæ-Lucanica—Oleæ europææ: cucumiculi—Raphani sativi: Cichorium envidia: Apium graveolens—Oryza molluscis, crustaceis, piscibusque concinnata — Piscis ad modum navitarum — Mytili cæpa coquinati—Palæmones intrimento tartaro vel viridi—Gallus domesticus assatus—Cibi summi: fructus, cupediæ, caseum.—Vina: «Castell del Remey» album et nigricans—Edentulum betulonense—Spumeum anoianum extra—Coffea: distillatus liquor.—Betulonæ, XIX Nov. MCMXVI.»

BARCELONA.—La Junta de Ciencias Naturales, organismo del Munipio exterioriza su labor con la publicación de un volumen o Anuario de 1916. Además de la parte oficial de Estatutos y sesiones, etc., contiene trabajos de mérito de diferentes autores: Memoria sobre l' origen y desenrotllo del Museu Martorell, Artur Bofill i Poch; Col. lecció ornitologica al Museu de Ciències Naturals de Barcelona, Ignasi de Sagarra; La secció botánica del Museu de Ciències Naturals, Pius Font i Quer; Los Mamíferos del Museo Martorell de Barcelona, Juan B. de Aguilar-Amat; La collecció Müller, Ascensi Codina.

GERONA.— «Elementos de Historia Natural» se titula una obra publicada por D. Joaquin Pla Cargol dedicada a la enseñanza secundaria. Está adornada con 567 grabados. Ofrece cualidades pedagógicas de gran valor con la brevedad y concisión del texto, distinción de tipos de letra, resumen de cada lección y parte práctica. La doctrina está acomodada a las últimas investigaciones de las Ciencias Naturales.

MADRID.—Por primera vez D. Emilio H. del Villar publica el «Archivo geográfico de la península ibérica». En él se consigna lo que de nuestra península se escribe anualmente con relación al suelo, geología, botánica, zoología, etc. El presente Anuario abarca lo de 1915, con mirada retrospectiva en las primeras secciones. Es publicación nueva que ha de aparecer todos los años. Va ilustrada con multitud de figuras y láminas. La parte bibliográfica de cada sección es completísima.

— «Compendio de Historia Natural» se llama una obra que acaba de salir a luz Tiene 574 páginas de letra metida y está ilustrada con 723 grabados. Destínase a la enseñanza secundaria. Tres profesores han elaborado los distintos ramos: H. Pacheco la Geología, Martínez la Botánica y Cazurro la Zoología. El plan es enteramente nuevo y las doctrinas modernizadas de conformidad con lo que suele enseñarse actualmente en muchas cátedras y en los libros más recientes.

SANTANDER.—El profesor de Historia Natural de aquel Instituto D. Orestes Cendrero ha publicado un texto bastante extenso para la enseñanza de su asignatura; está ilustrado con muchas y escogidas figuras.

SARRIÁ.—El Laboratorio Biológico del Ebro ha cambiado su nombre en el de Sarriá, por haberse trasladado a esta población desde Tortosa. En él trabajan como Director y Subdirector respectivamente los PP. Pujiula y Barnola.

SEVILLA.—Por Octubre de 1917 ha de celebrar su VI Congreso la Asociación española para el Progreso de las Ciencias. A la vez se celebrará una exposición científica, como se ha realizado en los últimos Congresos. Y el Sr. Carracido Vicepresidente de la Asociación propone que se establezca en Madrid, con carácter permanente, una exposición de material científico, para lo cual se ha solicitado del Ayuntamiento conceda un edificio a propósito en el Parque del Retiro. Por fallecimiento del Sr. Echegaray, Presidente de dicha Asociación, ha sido elegido para substituirle D. Eduardo Dato.

VALENCIA.—El Laboratorio de Hidrobiología española que dirige D. Celso Arévalo ha comenzado sus publicaciones con dos de grande importancia; I. Introducción al estudio de los Cladóceros del planctón de la Albufera de Valencia. Su autor es el mismo D. Celso Arévalo. Clasifica, estudia y describe los Cladóceros encontrados hasta ahora, que son nueve especies, pertenecientes a las tres familias Dáfnidos, Macrotrícidos y Quidóridos. De ellas las dos ya se habían citado de España, otras tres son nuevas para nuestra península y las cuatro restantes para la ciencia. Con esto llegan a 20 las especies de Cladóceros que se han citado de nuestra patria. II. Algunas observaciones sobre la Anguila en Valencia, memoria escrita por el Dr. A Gandolfi. Ambas memorias están ilustradas copiosamente con bellas láminas.

ZARAGOZA —Ha aparecido el tomo I de la Revista de la Academia de Ciencias de Zaragoza. Contiene el Reglamento interior de la Academia, su composición en el día de su fundación, la relación de la sesión inaugural y varias comunicaciones de las tres secciones de exactas, físico-químicas y naturales. Estas últimas son dos: Tricópteros de Aragón, R. P. Longinos Navás, S. J., y Aprovechamiento de lá narcosis eléctrica para el estudio del ritmo respiratorio y sus modificaciones, D. Jesús M.ª Bellido. Las acompañan algunas láminas y figuras.

— Para desempeñar la cátedra de Historia Natural en el Instituto, vacante por la muerte de D. Manuel Díaz de Arcaya ha sido nombrado por concurso D. José López de Zuazo, catedrático en Burgos. Eran 16 los catedráticos de diferentes Institutos que la solicitaban.

EXTRANJERO

EUROPA

BOURNEMONTH (Inglaterra).—Del Eoceno es la *Tricæshna Gossi* gen. nov., sp. nov. descrita recientemente por D. Heriberto Campion. Era un Esnido de gran tamaño, pues el ala anterior, única que se conserva, pero en muy buen estado, medía 64 milímetros de longitud El género pertenece al grupo del *Brachytron* y afines. Se conocían dos Esninos del secundario, *Morbæschna Muensteri* Germar de Baviera y *Palæœschna Vidali* Meunier de Cataluña y 12 del terciario de Europa y América del Norte.

BRAGA.—En el fascículo II de Broteria, Serie botánica, vemos la descripción de una porción de especies de plantas de la península ibérica, en especial líquenes de Portugal, hallados y descritos por D. Gonzalo Sampaio. La descripción latina breve, pero suficiente, sobre todo con el auxilio de las figuras, es seguida de otra más extensa en portugués. Es notable contribución a la liquenología de Portugal, así como las otras plantas que en el mismo fascículo se describen y en particular los musgos descritos por el P. Luisier son notable adición a nuestra flora ibérica.

Por el fascículo III de la Serie zoológica de la misma revista se ve que durante el año se han descrito en ella 13 géneros y 75 especies nuevas, número no alcanzado anteriormente por dicha revista en ningún año y harto lisonjero para una publicación de su género.

COPENHAGUE.— El Dr. Carlos Hansen-Ostenfeld estudia los Protozoos hallados en el planctón de los mares daneses. Algunos organismos, v. gr. los Ciliados del género *Tintinnopsis,* son indígenas, pero la mayoría parece que han sido acarreados por las corrientes que del Mar del Norte penetran por el Cattegat o Scager Rak. Muchos de ellos no pueden penetrar muy adentro, a causa de la mayor salinidad del Báltico enemiga de ellos. La *Noctiluca,* Cistoflagelado de un milímetro de diámetro, tan conocido por su fosforescencia, a veces se presenta en enormes cantidades en Limfiord, pero no puede subsistir más adentro del Scager Rak, desaparece cada invierno y es introducida de nuevo cada otoño por la corriente jutlándica. Al contrario, algunos pocos organismos son llevados a las costas danesas por la corriente del Báltico. Uno de ellos, *Ebria tripartita,* colocado en un nuevo orden de los Piritoflagelados vecino de los Silicoflagelados se nota que puede vivir en extensos grados de salinidad, de 4 a 25 por mil.

LONDRES.—El método preconizado por Trail para conservar el color verde de las plantas, sea en herbario, sea exhibidas en museos, es explicado por Rendle, botánico del Museo de Londres. El procedimiento consiste en colocar la planta durante más o menos tiempo, según sea la naturaleza de las especies, en una solución hirviendo de acetato de cobre disuelto en ácido acético. La combinación que se forma de la sal de cobre con la clorofila fija el color de la planta aun cuando se expone a la luz o se conserva en alcohol. Después de dicho tratamiento las plantas se han de lavar en agua corriente por espacio de unas dos horas, como se hace en las pruebas fotográficas. Este método está empleado en el Museo Británico para las plantas que se exponen al público. Aun para las algas de varios colores da bastante buenos resultados.

SCHULS-TARASP (Suiza). — En esta población de

Engadina se ha tenido la reunión anual de la Sociedad Helvética de Ciencias Naturales. El fin principal era el verificar una excursión al Parque Nacional, abierto oficialmente hace dos años, pero que todavía no había sido visitado por la Sociedad que principalmente se interesó en su fundación.

ÁFRICA

MOZAMBIQUE.—Las rocas volcánicas terciarias de esta región han sido estudiadas por el Sr. Holmes. Las lavas son del post-Oligoceno y muchas veces basaltos amigdaloides. De ellas se ve un dique de andesita cerca del río Monapo. La radiactividad de las lavas indica que la profundidad de donde procedió el magma productor era probablemente entre 33 y 44 millas de la superficie terrestre.

AMÉRICA

FLORISSANT (Colorado).—Merece especial mención el hallazgo de una tercera especie de mosca zezé *Glossina veterna* Cockerell en el mioceno. Con él se ve, por más asombroso que parezca, que en el mioceno de los Estados Unidos existieron dos especies de *Glossina*. La nueva especie es parecida a la *G. Osborni*. Mide 12'5 mm. su longitud y 10'3 la del ala.

NUEVA YORK.—El número de visitantes del Museo Americano de Historia Natural durante el último año que termina en 30 de Junio de 1916 ha sido de 870.000, habiendo sido de 664.215 el año anterior. Este notable aumento se atribuye al mayor número de visitas colectivas que han realizado diferentes clases de las escuelas.

OCEANÍA

HORNSBY (N. S. W., Australia). — Trasladamos aquí un método propuesto y practicado por Tillyard

para impedir que las sacudidas o vibraciones hagan
se caiga el abdomen de algunos insectos de las colecciones, tales como los Odonatos. Consiste en emplear
una fina pajuela y para los más pequeños una cerda
de caballo. Córtase la pajuela oblicuamente con unas
tijeras y se introduce por el tórax entre las caderas
intermedias haciéndola pasar a lo largo del abdomen
hasta cerca del extremo, teniendo en cuenta los efectos de la desecación. Este sistema ofrece la ventaja
sobre el análogo que se practicaba o aconsejaba, de
que no se tocan para nada ni se modifican los apéndices abdominales, de tanta importancia taxonómica.

L. N.

ÍNDICE

SECCIÓN OFICIAL

Páginas

Catálogo de los Sres. Socios 5
Publicaciones que la Sociedad recibe a cambio. 16
Actas de las sesiones . . 22, 57, 89, 145, 177 y 209
Estado económico de la Sociedad en 31 de Diciembre de 1915 23
Concurso para 1916 24

ZOOLOGÍA

Nota sobre sinonimia de Hemípteros Homópteros, *Longinos Navás, S. J.* 25
Sobre una concha fluvial interesante (*Margaritana auricularia* Spglr.) y su existencia en España, *Dr. F. Haas*. 33
Zoocecidias de Huesca 58
Rectificación, *José M. de la Fuente, Pbro.* . 122
Notes névropterologiques. V. Observations diverses; *Mr. J. L. Lacroix* . . . 151
» „ VI. Captures diverses et formes nouvelles *Mr. J. L. Lacroix* . . 211

Páginas

Nonas entomológicas (2.ª serie). 13. Excursión al valle de Arán (Lérida), *R. P. Longinos Navás, S. J.* 179

BOTÁNICA

Notas biológicas 8. La provocación de raíces adherentes de *Hedera helix* L. ¿es efecto del heliotropismo o tigmotropismo?, *R. P. Jaime Pujiula, S J.* 45
Notas sueltas sobre la flora matritense, *D. Carlos Pau.* II. 63
"   "   "   .   "   " III. 158
Plantas de los alrededores de Igualada, *D. Ramón Queralt* 75
Liste des plantes observées aux alentours d' Igualada, *Fre. Sennen* 34
Comunicado sobre *Lathyrus aphaca* L., *don Manuel Nasarre* 123
Plantes d' Espagne, *Frère Sennen.* 217

MINERALOGÍA Y GEOLOGÍA

Las minas de Azufre en Libros (Teruel), *don José Pueyo* 195

SECCIÓN BIBLIOGRÁFICA

¡Recoged minerales!, *A. C.* 106
Las estepas de España y su vegetación, *Joaquín M.ª de Barnola, S. J.* 123

MISCELÁNEA

Páginas

La Val del Charco de Agua Amarga y sus estaciones de arte prehistórico, *Juan Cabré y Carlos Esteban.*   78
Los piojos, *L. N., S. J.*   179

NECROLOGÍA

Juan Enriquè Fabre, *D. José María Azara* .   26
Juliani Harmand, *D. Juan María Vargas.* .   148

CRÓNICA CIENTÍFICA

España.—Badalona, 273.—Barcelona, 32, 113, 142, 172, 200 y 273.—Bobadilla, 172.—Boltaña, 200.—Gerona, 274.—Guadarrama, 200. — Madrid, 49, 113, 143, 201 y 274.—Mallorca, 173.—Nijar, 200.—Oña, 114.— Pozuelo, 201.— Santander, 274 — Sarriá, 275.—Sevilla, 275.—Toledo, 201.—Valencia, 275.—Vich, 143.—Zaragoza, 49, 114, 143, 173, 202 y 275.

Extranjero.—*Europa.*—Andorra, 202.—Auvernia, 115.—Banyuls-sur-Mer, 115.—Berlín, 115.—Berna, 173.—Bournemonth, 276.—Braga, 276.—Bruselas, 49 y 202.—Budapest, 173. — Cannes, 49.—Champaña, 174.—Chauprond, 50.—Copenhague, 277.—Dublín, 203.—Estrasburgo, 203.—Francia, 50 y 116.—Francfort, 50.—Frodingham, 203.—Ginebra, 50 y 203.—Lautaret, 204.—Leipzig, 51.—Londres, 51, 116 y 277.—Malta, 174.—Manchester, 204.—Mans, 117.—Moscou, 204.—Munich, 204.—

Nápoles, 117.—Oporto, 52.—Oxford, 52 —París, 52, 117, 174 y 204.—Petrogrado, 117.—Schuls-Tárasp, 277.—Sebastopol, 205.—Sofia, 53.—Uzés, 54. —Zurich, 117.

Asia.—Baikal, 205.—China, 118.—Formosa, 175.— India, 175.—Japón, 206.—Sajalina, 175.

Africa.—Africa, 206. — Africa meridional, 175.— Cabo, 54.—Comores, 206.—Congo, 118.—Guinea española, 176.—Kerimba, 176.—Melilla, 206.— Mozambique, 278.—Sechelas, 118.

América.—América central, 54. — América meridional, 55.—Bogotá, 179.—Baja California, 207.— Islas Coronado, 119.—Florissant, 278.—Habana, 176.—Indiana, 55.— Río Janeiro, 56.—Nueva Jersey, 207. —La Paz, 208 —Salvador, 119 —Tucumán, 208.—Urbana, 56.—Washington, 56 y 120. —Nueva York, 278.

Oceanía.—Hornsby 278

Páginas

ILUSTRACIONES
LÁMINAS

I. Retrato del Sr. Presidente . . . . . .Portada
II. *Margaritana auricularia* Spglr. . . 44
III. *Lathyrus aphaca* L. ab. *phyllodiosa* Nas. (de color) 122

GRABADOS

1. Juan Enrique Fabre (retrato). 26
2. Cacería de un jabalí, pintura rupestre . . 83
3. Ciervo, etc.   "   "   . . 86

Páginas

4. Piojo de los vestidos 109

5. Piojo de la cabeza. 111

6. Liendre 111

7. Juliani Harmand (retrato). 148

8. *Chrysopa perla* L. 154

9. Trozo de mandíbula de Mastodonte, visto
de lado. 198

10. " " " por encima. 198

11. Molar del Mastodonte de Libros 198

12. Defensa " " 199

13. *Melilotus barcinonensis* Senn.

Índice 280

Tip. F. Gambón, Canfranc, 3 y Valencia, 2.--Zaragoza.

Tomo XV. Noviembre y Diciembre 1916. Núms. 9-10

BOLETIN

DE LA

Sociedad Aragonesa

DE

Ciencias Naturales

Fundada el 2 de Enero de 1902

Lema: Scientia, Patria, Fides

SUMARIO

SECCIÓN OFICIAL.—Sesión del 2 de Noviembre de 1916.
COMUNICACIONES. — Notes névroptérologiques, *Mr. J. Lacroix.*
VI. Captures diverses et formes nouvelles — Plantes d' Espagne,
récoltes de 1915, *Fre. Sennen* (con una figura).
CRÓNICA CIENTÍFICA.—*L. N.*
ÍNDICE.

Sociedad Aragonesa de Ciencias Naturales

AVISO

Las personas que desearen pertenecer a la SOCIEDAD ARA-
GONESA DE CIENCIAS NATURALES deberán ser presentados por
uno o dos socios de la misma y admitidos en sesión ordinaria
o extraordinaria. Para este efecto podrán dirigirse a D. Pedro
Ferrando, Paseo de Sagasta, 9, Zaragoza, D. José M.ª Dusmet,
plaza de Santa Cruz, 7, Madrid y D. Carlos Pau, Segorbe
Castellón).

Los socios recibirán el título y las publicaciones de la Sociedad y tendrán derecho a consultar las obras de la Biblioteca
y el museo de la misma.

La cuota de los socios es de 10 pesetas para el primer año
o sea el de ingreso y de 7 los demás. Los socios extranjeros
satisfarán 10 y 7 francos respectivamente.

Los que no sean socios podrán suscribirse al BOLETÍN por 8
pesetas anuales.

Tanto la cuota de los socios como la suscripción, se han de
entregar *al principio de cada año*, al Tesorero de la Sociedad,
D. Juan M.ª Vargas, Paseo de Sagasta, 9 pral., Zaragoza.

❖❖❖

Los autores de los trabajos que se publiquen en el
BOLETÍN, recibirán tirada aparte de 50 ejemplares, si así
lo pidiesen al entregar el escrito.

PUBLICACIONES DE LA SOCIEDAD

Boletín de la Sociedad Aragonesa de Ciencias Naturales. Tomos I—XIV (1902-1915)

Los catorce tomos . . . . 70'00
Cada tomo . . . . 8'oo
Número suelto . . . . 0'75
Modelo de medalla de la Sociedad (lámina) . . 0'25

Linneo en España. Homenaje a Linneo.
Un volumen de 527 páginas, con 30 láminas, 3 de color, 46 grabados y 20 autógrafos 15'00

Actas y Memorias del Primer Congreso de Naturalistas Españoles, celebrado en Zaragoza los días 7-10 Octubre de 1908.
Un volumen de 435 páginas, 30 láminas, cuatro de ellas de color y 5 grabados. Las memorias son 35, distribuidas en seis secciones: 1.ª Sección general; 2.ª Antropología; 3.ª Zoología; 4.ª Botánica; 5.ª Geología; 6.ª Aplicaciones — **Precio: 15 pesetas: Prix 15 francs.**

Sello o timbre móvil de la Sociedad, 0'50 ptas. el ciento; 3 pesetas el millar.
Diríjanse los pedidos a **D. Juan M.ª Vargas,** Paseo de Sagasta, 9, pral., Zaragoza.

Tarifa de las tiradas aparte con foliación y cubierta en papel de color.

Número de páginas	25 ejemplares	50 ejemplares	75 ejemplares	100 ejemplares	200 ejemplares
De 1 á 4	2 ptas.	4 ptas.	5 ptas.	6 ptas.	10 ptas.
— 8	4 »	7 »	9 »	9 »	15 »
— 16	5 »	9 »	12 »	12 »	20'50 »

Si se desean hacer correcciones en el texto después de impreso el BOLETÍN, los autores se podrán entender con el impresor.

Si se deseare portada impresa en la cubierta, habrá que abonar lo siguiente:

Hasta 100 ejemplares, 2'50 pesetas.
» 200 » 3'50 »

Lightning Source UK Ltd.
Milton Keynes UK
UKHW012240080219
336963UK00011B/1112/P